屋顶·阁楼详解图鉴

屋顶·阁楼详解图鉴

日本 X-Knowledge 株式会社 编　　　杨鹏 译

华中科技大学出版社
http://www.hustp.com
中国·武汉

前言

屋顶是赋予住宅外形以个性的重要因素。为什么这么说呢？墙体是房间的轮廓，不得不用长方体来组成，但屋顶却不会受到房子的形状和机能的影响，可以采用各式各样的形状。可以说屋顶突破了房子的角度、高度、大小等的限制，并形象地反映了其当地的气候和风俗。从世界各地传统民房的多样性来看，"屋顶就是个性"是毋庸置疑的事实。

屋檐突出或高度稍有点轮廓上的变化，建筑风格的品质都会发生很大的变化。另外，屋顶形状不同，建筑房屋的空间也会随之改变。因此，屋顶设计需要融合感性的匠心运作与理性的空间计算，是房屋设计的先行部分。

但是，在实际房屋建筑的现场，普遍是规划好房间布局后再决定屋顶的形状。若以这种方式来设计，便会导致下部构造与屋顶不协调，由于建屋顶时木造连接方式和框架墙建造方式没有任何关联，因此往往导致屋顶部分的样式迟迟不能敲定。

我们在路边看到的那种好似大脑袋上戴一顶不合适的帽子的奇怪的屋顶设计，还有像山谷那种特别容易漏雨的形状复杂的屋顶，抑或只是按中规中矩的方法做了个坡度就称为屋顶的产品……想必这些房子的屋顶方案，是房屋将要完工时才草草敲定的，这是不合理的设计方式。

由于在构造、防水、隔热、通风等性能，以及法律和规定上的诸多限制与要求，所以客户自身很难决定屋顶的形状。设计者的重要职责便是根据需求预算出所需的空间成本等，并提出相对合理的屋顶形状设计方案。屋顶确定后，构架便可以自由设想。

例如：30～40m² 的房屋采用人字形屋顶，在大梁下做 1～2

根承力柱穿过整个架构，这种构造对于这种尺寸的房屋是最简单、适用的。其实早在构思房间布局时就该把支撑房屋的顶梁柱的布局结合屋顶设计图一同描绘出来。这样既可提高防震性能，也可以清楚地预估和把握屋顶所占的空间。

任何形状的屋顶，一旦样式确定，就意味着构架体系和空间规划的定型。倾听"屋顶的声音"是建造高品质建筑的第一步。

首先要进行屋顶的构思，其次才是房间布局的设计。

2017 年 3 月 1 日

i+i 设计事务所 饭塚丰

屋顶目录

屋顶之家设计 手冢建筑研究所
一面坡屋顶把斜面做小的话甚至可以在上面行走，最大限度利用这种特性，屋顶也可以当作露天平台。

前川国男自宅设计 前川国男
在传统的人字形屋顶上，加入了现代风的立方体楼梯井，形成了大屋顶的造型。

通用术语

下屋
连接主屋外墙所设计的屋顶或屋顶以内的空间。

屋顶窗
从屋顶凸出很小的屋顶和窗户。因为能让屋顶的内部空间获得采光，所以日本人也经常把它作为装饰窗。在泡沫经济时期的住宅上经常能看到。

乘越式屋顶
这种屋顶是使一边的房梁和与它交错的另一边的房梁越过形成的。

屋顶的形状有非常多的变化。
在这里就有以一面坡、人字形、四坡形为基础整理出的三大类。
接下来还会介绍它们与一些附加元素共同组合的方案。

一面坡系

大屋顶
这是覆盖建筑物的构成要素的屋顶。很多情况下一楼到二楼都覆盖。

单披檐屋顶
两个屋顶用不同的高度架设。高度错开来的部分设置开口，用来采光。

上扬屋顶
把一面坡的先端部分折断。大部分情况下，折断的部分被当作人字形屋顶的变形。

一面坡屋顶
只有一个方向的斜面。虽然施工是最容易的，但比其他的形状多了很多墙面面积，所以有时候可能会需要更多面积建造费用。

蝶形屋顶
两片屋顶的房架构变成了像山谷一样，因此会有集中雨水的缺点，但是可以在两边开两个大口。

拱形屋顶
本来是以石头和砖块堆积的拱形做曲面天顶。在近代，曲面屋顶都被叫作拱形(Vault)屋顶。

平屋顶
没有斜面的屋顶。外观看起来很整洁，多用于现代建筑。建造的时候需要采取防水措施。

断腰一面坡屋顶
一面坡屋顶的中间折断。在满足交叉斜线限制要求的同时，最大限度地保留体积。

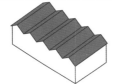

折板屋顶
这是一种采用了折板的金属屋顶的典型代表，基本上为S形。因为施工容易，也适用于大空间房屋。

防落雪屋顶 (排雪管道方式)
建筑物内侧隐藏了蝴蝶一样的形状。主要在积雪地带使用，屋顶的谷间部分是用来积雪的。

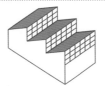

锯齿形屋顶
在一面坡的屋顶上建成锯齿一样。屋顶的上部窗户为了采光留有一定间隔，适合地板面积大的建筑物。

曲形一面坡屋顶
如果让一面坡的屋顶弯曲，外观和内部都会呈现出柔和的意境。

白之家设计 筱原一男
虽然是传统的方形屋顶，但以白色为主基调与抽象形的外墙产生强烈对比。作品实现了从极端到单纯和抽象。

"双烟囱式"设计 AtelierBow-wow
在折线式的屋顶上设计了烟囱。烟囱突出部分由扭转的面构成，产生一种与屋顶连绵不断的感觉。

内曲和外曲的屋顶
构思建筑风格时，屋顶会成为决定主要印象的要素。平安时代，因为野屋顶的发明，内曲和外曲也可以表现出来。

间隔屋顶
屋顶的一部分提了上去，部分可以换气采光，内部形成了良好的氛围。

看板
从正面看与平整屋顶没区别，但是从后面看却藏着人字形屋顶。在都市中那些外观只想呈现出平屋顶的房子上可以看到。

内院式住宅
在内部有庭院为其主要特征，是以雨水会从两侧屋顶落下为目的构建的。

目录

第1章

人字形屋顶

这是较为朴实的屋顶形状。可以随心改变屋顶的坡度、确定屋面的长度，通过这些简单的操作使自由定制成为可能。现在以人字形屋顶的各种活用案例来说明各种建筑难题是如何解决的。

人字形屋顶的基本设计

图1 人字形屋顶的特点

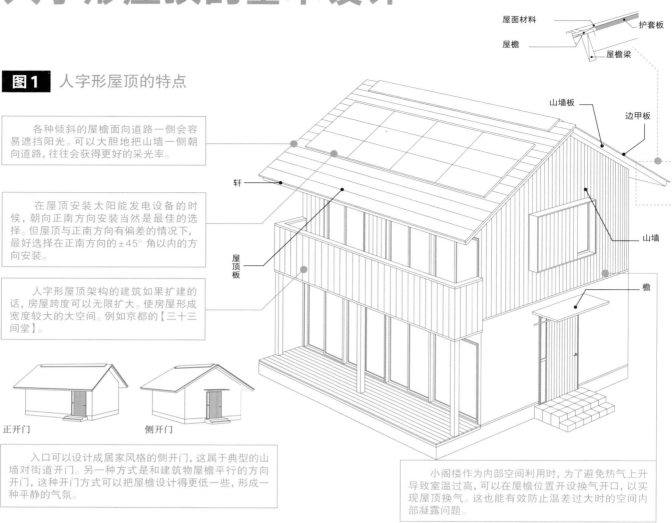

屋面材料

护套板

屋檐

屋檐梁

山墙板

边甲板

山墙

檐

各种倾斜的屋檐面向道路一侧会容易遮挡阳光。可以大胆地把山墙一侧朝向道路，往往会获得更好的采光率。

在屋顶安装太阳能发电设备的时候，朝向正南方向安装当然是最佳的选择。但屋顶与正南方向有偏差的情况下，最好选择在正南方向的±45°角以内的方向安装。

人字形屋顶架构的建筑如果扩建的话，房屋跨度可以无限扩大。使房屋形成宽度较大的大空间。例如京都的【三十三间堂】。

轩

屋顶板

正开门

侧开门

入口可以设计成居家风格的侧开门，这属于典型的山墙对街道开门。另一种方式是和建筑物屋檐平行的方向开门，这种开门方式可以把屋檐设计得更低一些，形成一种平静的气氛。

小阁楼作为内部空间利用时，为了避免热气上升导致室温过高，可以在屋檐位置开设换气开口，以实现屋顶换气。这也能有效防止温差过大时的空间内部凝露问题。

简单的人字形屋顶的防雨性能十分优越，更利于避免日光直射

人字形屋顶，也就是所谓经典家屋型的屋顶，是一种单纯的屋顶，防雨雪能力强，是一种在世界各地的住宅设计中都很常见的形状。比起一面坡屋顶，即使采用大角度倾斜也能够满足建筑物的高度要求，给人以外观上的安定感。

人字形屋顶的美观之处在于：①屋檐可充分延展；②屋檐可充分压低；③窗宽度可充分延长——这是重点。此外，对于大门的位置，通过正开门或是侧开门的变化，在外观上给人以截然不同的差异美感（图1）。

但是，人字形屋顶安置方向的问题，是设计师不能左右的。比如屋顶上需

要安置太阳能发电设备，平面[1]就有必要对准正南，角度也要根据所在地区的日照角度做调整，不然太阳能采光率就会很糟。再加上周围有建筑阴影遮挡、道路走向的影响，屋顶的角度和斜线都要结合这些实际情况进行调整[2]。

标准的人字形屋顶是典型的家居建筑屋顶形状，但通过变形也可以应对各种具体情况（图2-A~I）。比如为了克服"屋檐伸出得越长，内部采光就越差"这个人字形屋顶固有的弱点，可以采用2片高低差不同的屋顶（图2-A）。在产生了高低差的侧墙上开辟顶侧采光开口，以确保通风和采光。或者通过在屋顶上再追加1小片独立小屋顶这种传统建造技法，也可达到同样的效果（图2-I）。

为了解决"道路坡度"的问题，一般可以采用屋檐长度非对称的"招牌屋顶"（图2-B）。但是如果建筑用地的东边界线或西边界线有坡度限制，这2个方向上又与北侧道路坡度[3]或高地坡度[4]有冲突时，就采用顶部做平的平台型屋顶方式（图2-H）。

近年来，逐渐流行起了省略阁楼天窗，而把登山梁等构造材料外露的设计。单纯从形态上，人字形屋顶的设计与木质建筑天然相宜，可以很容易地形成美丽的架构，是一种值得从形态和架构两方面品味的设计（图3）。

【饭冢丰】

※1 大梁的直角的侧面为山墙面、大梁平行的侧面为平面。
※2 道路的角度也会对建筑物的高度产生限制。具体由建筑所在地域的用途来决定，比如居住用地的系数是1.25或1.5。
※3 为确保北侧相邻地域的日照而限制了坡度。在第一类、第二类低层住宅专用地区的坡度为1.25，起步高度从地基面开始5~10m。
※4 根据日本《都市规划法》第8条规定的地域地区之一的高地地区所使用的坡度标准。规定建筑物高度的最高限度及最低限度。

（译者注：本部分仅对应日本法律，供参考）

图2 人字形屋顶的应用模式

A 侧开口屋顶

在左右建筑物错开的单坡屋檐处设置高舷窗。不依赖照明灯,沿着屋顶面能够很好地引入光线。

B 招牌屋顶

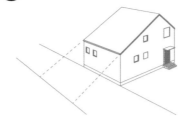

两边长度不对称的招牌屋顶,在梯度变化的屋顶上错开对角线。因为斜线可以最大限度地构建,所以可以得到最大限度的空气对流效果。

C 递进式屋顶

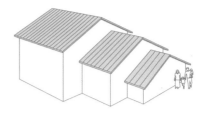

多个人字屋顶连在一起的设计。比起单个大屋顶,能够很好地控制屋檐的高度。在需要控制建筑物存在感的地段很实用。

D 无屋檐屋顶

没有屋檐的人字形屋顶设计,斜线交替。外墙与屋顶合并,给人一种统一感的独特设计。

E 屋顶单侧向外延长屋顶

单侧屋檐水平地向外延长形成带有边缘空间的设计。结合外部空间创造出丰富的建筑外形。

F 耳房隐藏屋檐斜线下屋顶

人字形屋顶左右对称不变,加设的耳房隐藏在屋檐斜线下。主屋和耳房的高度差可以使内部天花板产生变化。

G 利用对角线架设屋顶

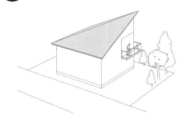

巧妙运用对角线方向架设屋梁,并向左右延展的人字形屋顶。结合屋顶的倾斜,在角落里可以开一个大窗。

H 平台屋顶

人字形屋顶的顶部被削成平台。除了能够软化人字形屋顶的尖锐感之外,还能够躲避多个方向的阴影。

I 独立小屋顶

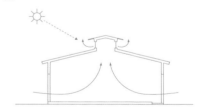

在房梁上部架设小屋顶,得以满足通气和采光的需要。这是一种传统的做法,能有效地让室内保持适宜温度。

图3 采用日式梁还是登山梁

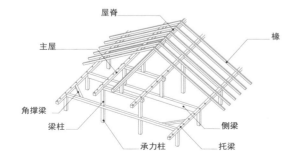

通过框架和房梁构建主屋,且屋顶延伸出耳房的形式。采用耳房梁架和角撑梁保证水平刚性。梁的长度和强度决定了下层空间的大小。

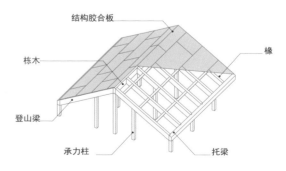

参照屋顶坡度架设梁架,通过水平椽以及主屋上部的椽子构建成梁架主体。如果扩大登山梁的截面积,其屋顶强度可以满足大型建筑空间的需求。

降低主屋高度迎合道路斜线

人字形屋顶在平面上遇到斜角限制的情况时，可以参照本页案例，把人字形屋顶变成へ字形。以屋顶的房梁为中心，不必降低屋檐高度，以保证保温性能。

但是当屋顶是斜面天花板时，房梁的位置不对称，会遇到无法保证房梁高度的问题，从而影响全局设计。这时可以像本例那样，把一部分做成通风的窗口，一部分做成储藏室。

【若原一贵】

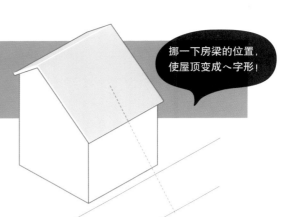

挪一下房梁的位置，使屋顶变成へ字形！

图1 北边是降低了主屋高度后的へ形屋顶 剖面图【S=1∶120】

屋顶：
镀锌钢板屋顶
沥青屋面940
屋顶盖板12
通风椽子45×60 @ 455
酚醛泡沫保温材料30
结构胶合板24
椽45×105 @ 455
玻璃棉24K100

6,370
400 910 910 400

▼最高高度
▼屋顶端标高
▼屋檐上端标高
▼三楼屋梁顶端标高
▼二楼屋梁顶端标高

170
250
1,456
2,184
9,68
1,216
9,365
2,413
2,587
475

10
8
1
1.25
10
8

道路角度

单间
客厅 2,121
厨房
2,200

屋檐天花板：
硅酸钙板
（有孔）8之上

玄关
拖鞋柜
厕所
储藏室

因为道路的原因，へ形的屋顶的屋梁采取一边高一边低的形式，一侧的主屋被降低了高度。

建筑物外观。通过移动梁的位置使屋顶成为这种形状，以迎合道路要求。

图2 主屋降低后的影响 三楼平面图【S=1∶200】I 屋顶俯视图【S=1∶200】

6,370
6,370
6,370

阳台
储藏室
单间
天窗
屋脊线

180 180
180
180 180
240
240 240 240
240
顶部采光
屋脊线
240

N

主屋降低后受到影响的空间的一部分被作为通风口，另一部分作为储藏室。

从三楼的单间位置看阳台。大梁正下方仍然是对称的人字形，可以通过设置门窗达到通风的目的。

椎名町的住宅（设计：若原艺术工作室／摄影：中村绘摄影事务所）

斜坡屋顶
加折断屋顶设计

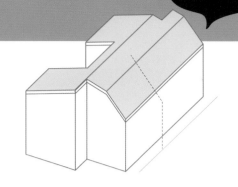

加上斜坡以确保保温性能。

施加坡度的设计方法，不仅单纯适用于坡屋顶主屋，还适用于折断屋顶。

本案例中，户主希望把半层的地下空间设计成兴趣活动室。因为追加的房屋半层地下空间需要把整个建筑的底部抬高，因此屋顶将会有更大的坡度要求。

北边主屋顶的一半被设计为斜坡，以便于斜坡屋顶的架设，进而取消了凸出的屋檐，以确保保温性能尽可能最优。北边的屋顶由于坡面延伸被设计成断面，屋顶的高度得到了控制。　　　　　　　　　　　　　　　　　　【杉浦充】

图1　高斜坡加断面屋顶设计　　剖面图【S=1:100】

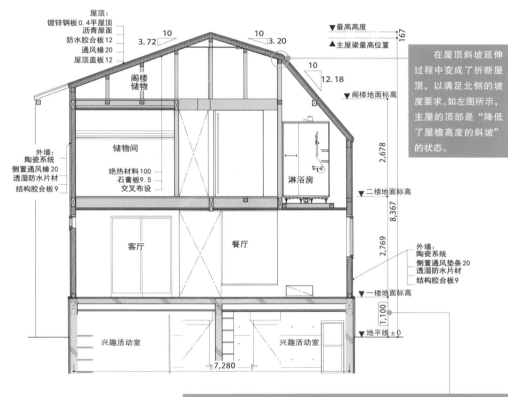

屋顶：
镀锌钢板0.4平屋顶
沥青屋面
防水胶合板12
通风椽20
屋顶盖板12

10　3.72

10　3.20

▼最高高度　167
▲主屋梁最高位置

10　12.18

阁楼储物

▼阁楼地面标高

2,678

外墙：
陶瓷系统
侧置通风椽20
透湿防水片材
结构胶合板9

储物间

绝热材料100
石膏板9.5
交叉布设

淋浴房

▼二楼地面标高

8,367

客厅

餐厅

2,769

外墙：
陶瓷系统
侧置通风垫条20
透湿防水片材
结构胶合板9

▼一楼地面标高

1,100

兴趣活动室

兴趣活动室

▼地平线 ±0

7,280

在屋顶斜坡延伸过程中变成了折断屋顶，以满足北侧的坡度要求。如左图所示，主屋的顶部是"降低了屋檐高度的斜坡"的状态。

上图：建筑物外观。通过移动大梁的位置加上大坡度使屋顶换个形状。

下图：兴趣活动室。阳光可以从高处照射进来。

不再设置单独的干燥室，地下室和地面通过天窗以确保采光和通风。不需要特别装修的墙面，降低了成本。

图2　坡屋顶主屋的影响范围　　二楼平面图【S＝1:200】

洗漱更衣室　　　　步入式衣橱

淋浴房

卧室C

主屋线

卧室B

8,190

阳台

走廊

壁橱

主卧室

阳台

卧室A

14,560

N

在坡屋顶主屋的空间内，因为天花板高度所限，不再布设水循环管道和储物柜。

左图：坡屋顶主屋中天花板最低的地方设立厕所。主屋隐藏在天花板内。
右图：二楼卧室C，小房间梁和主屋梁、角撑梁都不遮蔽，均外露。

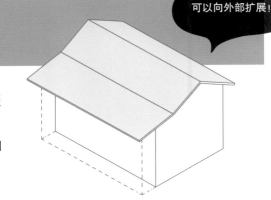

可以向外部扩展!

延长人字形屋顶的一侧，开辟一个屋檐下的空间

　　想要设计出大的檐下空间时，可使用本案例的方法，将人字形屋顶的一侧定为缓坡并延长，做成折线形屋顶，让其具有挑檐的作用。与下屋不同，因为和外墙没有相交，所以有利于防雨。外观也具有与寺院和神社建筑相似的大挑檐的优点，打造的立面让人印象深刻（图1）。

　　内部天花板的结构材料全部露在外面。外露椽子像百叶窗一样以小间距排列，由此打造出节奏感，从每个角度都能欣赏到它不同的面貌（图2）。　　【饭塚丰】

图1 改变人字形屋顶的形状　剖面图［S＝1:60］

屋顶采用镀铝锌材质的金属屋顶。折线部位钣金的作用是使排水沟板材无孔连接。

人字形屋顶高度设为小屋内部收纳上限1.4m。另考虑要同时兼顾二楼观景与夏季防日晒的因素，5.5寸（1寸≈33.3 mm）的折线形屋顶部位的坡度高差设为2寸。

通过设置天窗，让小房间采光。

屋顶：
镀锌钢板瓦条屋顶
沥青屋面
结构胶合板12
通风椽子45×90
A型挤出法聚苯乙烯泡沫塑料3类
b型65（椽子之间）
结构胶合板24
椽45×140

外墙：木板

踏台

阁楼储物区

木45

屋梁侧面外露部

公用房间2

外墙：
镀锌钢板
通风垫条18×45
透湿防风片
火山玻璃质多层板12
高性能玻璃棉14K 10
5（含防潮层）石膏板12.5
加覆膜

屋梁侧面外露部

二楼是开放式空间。由于屋顶坡度和地板高度之间有差异，所以天花板高度为1,940~3,730mm。

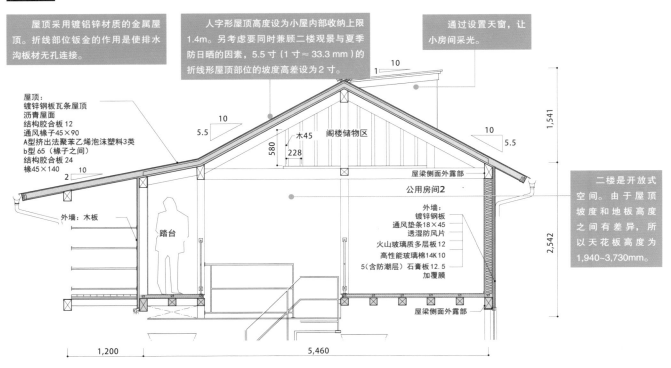

1,200　　5,460

图2 使椽子呈百叶窗状　屋顶俯视图【S=1:150】

8,190
2,730　2,730　2,730

120×255 顶端：齐边
登山梁120×150
45×140
45×140

2,275
5,460
3,185
1,200

120×255 顶端：齐边
120×180 顶端：齐边

架构全部外露，椽子以细密间距连续排列，呈百叶窗状。梁和柱子的结点则采用金属梁支撑和管榫头，使外部看不到金属器件具。

以屋檐为界，坡度开始变化。

上图：从客厅看出入口，内外都利用楼梯井，强调了屋顶的高度。

下图：外墙采用爱知县常滑（地名）的旧市街常见的黑色波浪板和松木碳板。

常滑 N 邸（设计、摄影：i＋i设计事务所）

用左右对称梯形屋顶应对道路斜线的影响

保持稳定形状的同时，规避道路斜线的影响!

　　多个方向都有道路斜线，且一面斜线紧邻建筑，其他斜线也影响建筑的时候，把屋顶附近的屋檐都削掉的案例也不少。

　　本案例中，该建筑紧邻3处道路斜线，建筑物正北侧略有些空地。所以人字形屋顶的顶部屋檐取消，做成了左右对称、有稳定感的梯形屋顶。内部的天花板虽然随屋顶的形状架设，但有一部分做成水平的，形成了相对完整的空间。　【饭塚丰】

图1　用稳定的形状应对道路斜线*的影响　剖面图【S=1:100】

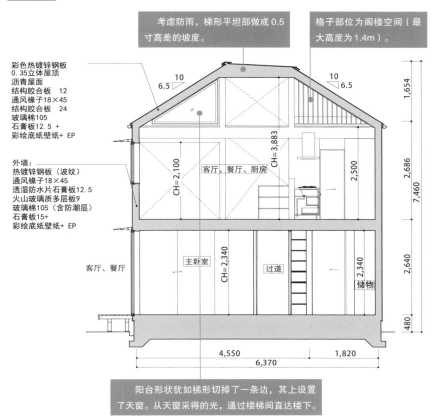

考虑防雨，梯形平坦部做成0.5寸高差的坡度。

格子部位为阁楼空间（最大高度为1.4m）。

彩色热镀锌钢板
0.35立体屋顶
沥青屋面
结构胶合板　12
通风椽子18×45
结构胶合板　24
玻璃棉105
石膏板12.5 +
彩绘底纸壁纸+ EP

外墙：
热镀锌钢板（波纹）
通风椽子18×45
透湿防水片石膏板12.5
火山玻璃质多层板9
玻璃棉105（含防潮层）
石膏板15+
彩绘底纸壁纸+ EP

客厅、餐厅
CH=2,100
客厅、餐厅、厨房
CH=3,883
2,500
2,686
1,654
7,460

主卧室　CH=2,340
过道
储物
2,340
2,640
480

4,550　1,820
6,370

阳台形状犹如梯形切掉了一条边，其上设置了天窗。从天窗采得的光，通过楼梯间直达楼下。

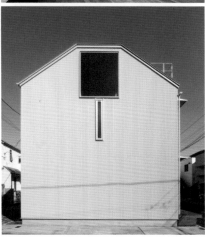

上图：光线通过天窗沿着水平的天花板照射进来，整个客厅都明亮起来。

下图：外观。屋顶顶部的大窗成为点睛之作，打造出个性的外观。

图2　设置小屋梁减少支柱　屋顶俯视图【S=1:200】

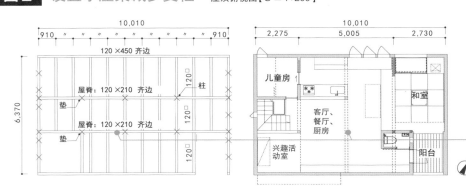

10,010
910　910
120×450 齐边
屋脊：120×210 齐边　柱
120
垫
屋脊：120×210 齐边
120
垫
120
6,370

10,010
2,275　5,005　2,730
儿童房
客厅、餐厅、厨房
兴趣活动室
和室
阳台
N

由于是梯形断面的屋顶，需要附有2根支撑柱的正梁。但是因为户型原因，没有设置柱子的空间，所以架设3根与正梁相交的小屋梁，在其上面再立2根短柱，由此省略了支撑柱。

（*译者注："道路斜线"是建筑术语）

中野M住宅（设计、摄影：i+i设计事务所）　17

通过上扬屋顶调整空间

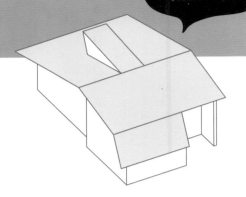

通过从屋脊梁的位置中心延伸出的"双坡上扬屋顶"，能疏通内部沉积的空气。

本案例中，把本应位于客厅和玄关之间的屋顶挪动到了玄关侧，因此大客厅位置的天花板是倾斜的。

天花板面向公园倾斜，以收缩视野（图1~图3）。

上扬屋顶的东南侧，在车库设置大的开口实现了坡屋顶[※]（图3）。里面二楼的西式房间部分设置天窗，确保天花板高度和室内采光（图4）。　　【三泽文子】

图1　通过下层空间形状规划屋顶架构　屋顶结构图【S=1：150】

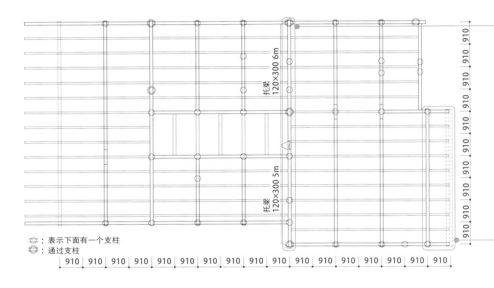

托梁 120×300 6m

托梁 120×300 5m

910 910 910 910 910 910 910 910 910 910 910

⊟：表示下面有一个支柱
⊟：通过支柱

| 910 | 910 | 910 | 910 | 910 | 910 | 910 | 910 | 910 | 910 | 910 | 910 | 910 | 910 | 910 | 910 | 910 |

> 屋脊挪动到中心位置，调整了左右的空间大小。

> 为了获得能容纳2辆车的车库，有必要跳过 6 千分位，370mm 的二楼的梁。为了减轻二楼的负担，我们把它设计成了屋顶而不是墙。屋顶顶部的折角翼稍微偏转，以匹配屋顶和屋檐上的排水沟。

图2　屋顶架构和下层空间相结合　平面图【S=1：400】

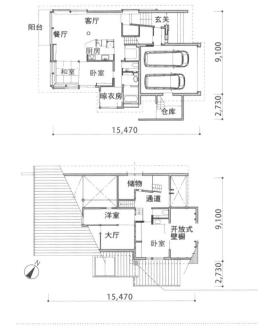

阳台　餐厅　客厅　玄关
厨房
和室　卧室
晾衣房
仓库

9,100
2,730
15,470

储物
通道
洋室
大厅　开放式壁橱
卧室

9,100
2,730
15,470

> 虚线处作为上扬屋顶，边考虑内部的容量，边设计立体感的方案。

从和室看餐厅。客厅和餐厅之间的八角形的柱子，将空间缓缓隔开。

※ 改变双坡屋顶的坡度，而且屋顶在延伸的过程中也有弧度。

图3 上扬屋顶配合复折屋顶　剖面图【S=1：150】

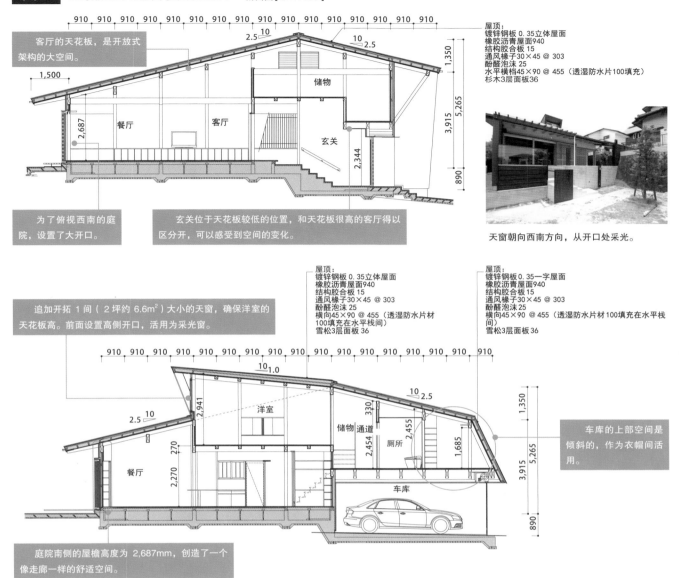

客厅的天花板，是开放式架构的大空间。

屋顶：
镀锌钢板 0.35立体屋面
橡胶沥青屋面940
结构胶合板 15
通风椽子30×45 @ 303
酚醛泡沫 25
水平横档45×90 @ 455（透湿防水片100填充）
杉木3层面板36

1,500
2,687
储物
餐厅　客厅
玄关
2,344
890
3,915
5,265
1,350
2.5　10
10　2.5

为了俯视西南的庭院，设置了大开口。

玄关位于天花板较低的位置，和天花板很高的客厅得以区分开，可以感受到空间的变化。

天窗朝向西南方向，从开口处采光。

屋顶：
镀锌钢板 0.35立体屋面
橡胶沥青屋面940
结构胶合板 15
通风椽子30×45 @ 303
酚醛泡沫 25
横向45×90 @ 455（透湿防水片材
100填充在水平栈间）
雪松3层面板 36

屋顶：
镀锌钢板 0.35一字屋面
橡胶沥青屋面940
结构胶合板 15
通风椽子30×45 @ 303
酚醛泡沫 25
横向45×90 @ 455（透湿防水片材100填充在水平栈间）
雪松3层面板 36

追加开拓 1 间（2 坪约 6.6m²）大小的天窗，确保洋室的天花板高。前面设置高侧开口，活用为采光窗。

2,941
洋室
储物　通道
厕所
330
2,455
2.5　10
10　1.0
10　2.5
270
2,270
2,454
车库
1,685
1,350
3,915
5,265
890

车库的上部空间是倾斜的，作为衣帽间活用。

庭院南侧的屋檐高度为 2,687mm，创造了一个像走廊一样的舒适空间。

图4 架起多个屋顶　屋顶俯视图【S=1：400】

车库上部的屋顶进行了翻折，上扬屋顶的边缘部分转为坡屋顶。

天窗的上升部分和北侧的房顶的通气层连接起来，确保天窗部分的房顶通气。

3,640
9,100
5,460
4,550
5,005　4,095　6,370
15,470

外观。坡屋顶折回的部分，平面朝向道路一侧，营造出热情好客的气氛。

长方形的空间里收纳不了的厨房和仓库，把它们建成阁楼又会很复杂，所以设计成 2 个侧屋。

矩屋顶的家（设计、摄影：MSD）　19

调整屋顶的高度，
获得良好采光

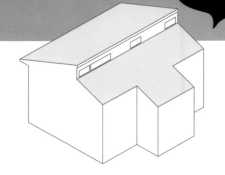

通过顶侧开口来确保
一个好的采光和通风

在上层配置起居室的时候，如果只是单纯地架设人形屋顶，会遇到房间中央变暗的问题。面对这样的情况，把人字形屋顶的一面撤下，在外墙壁设置顶侧开口窗是最佳的方案。不仅改善了通风采光，还能确保一个良好的视野（图1、图2）。

本案例的住宅中因为道路斜线限制的关系，把两个屋顶做成了同坡斜面。如果要将人字形屋顶侧面作为主视面的话，可把两个坡面换成一面高差为6寸、另一面为3寸的坡面，比例为2:1。这样就会看起来张弛有度。　　　　[关本龙太]

图1 在房顶的墙体连接处上开设顶侧开口　　剖面图【S=1:50】

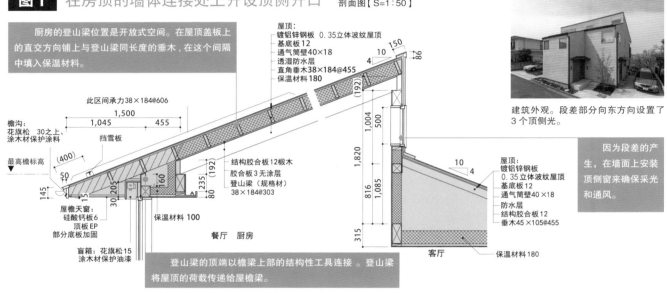

厨房的登山梁位置是开放式空间。在屋顶盖板上的直交方向铺上与登山梁同长度的垂木，在这个间隔中填入保温材料。

屋顶：
镀铝锌钢板 0.35立体波纹屋顶
基底板12
通气筒壁40×18
透湿防水层
直角垂木38×184@455
保温材料180

此区间承力38×184@606

1,500
1,045　455

檐沟：
花旗松　30之上、
涂木材保护涂料

挡雪板

最高檐标高▽

(400)

50
145

屋檐天窗：
硅酸钙板6
顶板EP
部分底板加固

盲箱：花旗松15
涂木材保护油漆

15　30 205
80

235 (192)

160

保温材料100

结构胶合板12椴木
胶合板3无涂层
登山梁（规格材）
38×184@303

餐厅　厨房

建筑外观。段差部分向东方向设置了3个顶侧光。

因为段差的产生，在墙面上安装顶侧窗来确保采光和通风。

屋顶：
镀铝锌钢板
0.35立体波纹屋顶
基底板12
通气筒壁40×18
防水层
结构胶合板12
垂木45×105@455

客厅

保温材料180

登山梁的顶端以檐梁上部的结构性工具连接。登山梁将屋顶的荷载传递给屋檐梁。

图2 斜面天花板和平面天花板　　屋顶俯视图［S＝1:150］

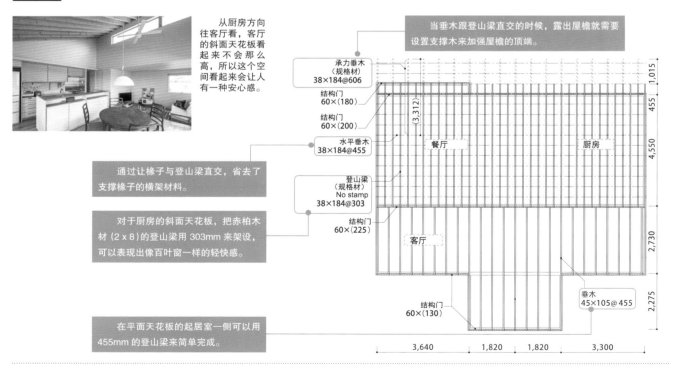

从厨房方向往客厅看，客厅的斜面天花板看起来不会那么高，所以这个空间看起来会让人有一种安心感。

当垂木跟登山梁直交的时候，露出屋檐就需要设置支撑木来加强屋檐的顶端。

承力垂木
（规格材）
38×184@606

结构门
60×(180)

结构门
60×(200)

水平垂木
38×184@455

登山梁
（规格材）
No stamp
38×184@303

结构门
60×(225)

通过让椽子与登山梁直交，省去了支撑椽子的横架材料。

对于厨房的斜面天花板，把赤柏木材（2 x 8）的登山梁用303mm来架设，可以表现出像百叶窗一样的轻快感。

餐厅　　　厨房

(3,312)

1,015
455
4,550

客厅

2,730

结构门
60×(130)

垂木
45×105@455

2,275

在平面天花板的起居室一侧可以用455mm的登山梁来简单完成。

3,640　1,820　1,820　3,300

湘南台的家（设计：RIOTA／摄影：Bauhaus Neo 后关胜也）

运用混合梁
使人字形屋顶实现高低差

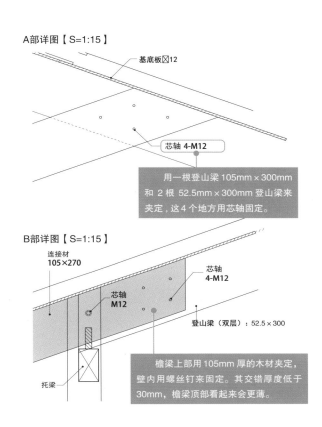

内部不需要柱子！

　　如果打算随着人字形屋顶的坡度来架设天花板，可以用没有小屋梁、小立柱的登山梁组合来实现。这样的屋顶可以扩大空间，看起来还高一些。

　　本案例的建筑是在一望无际的大海边崖上建造的海景房。为了能够应对残酷的自然环境，所以仅架设了简单的3.5寸坡度差斜面的人字形屋顶。架构是以1根105mm厚的登山梁和52.5mm厚的2根登山梁来定夹，用芯轴来固定的混合房梁（图1）。因为采用了这个方法，所以实现了中央不用柱子的空间。用混合房梁产生的高低差（段差）部分可以作为顶部侧开口，通过这个来获得好的通风和采光（图2）。

【北野博宣】

图1　用混合房梁做屋顶　屋顶俯视图【S=1:120】

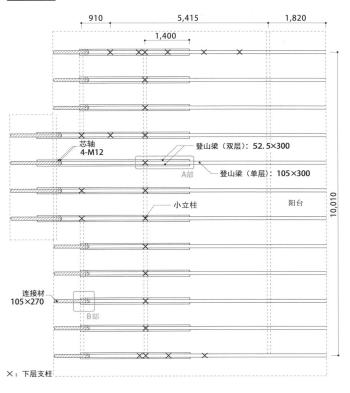

连接材
105×270

芯轴
4-M12

登山梁（双层）：52.5×300

A部

登山梁（单层）：105×300

小立柱

阳台

10,010

连接材
105×270

B部

×：下层支柱

A部详图【S=1:15】

基底板▢12

芯轴 4-M12

用一根登山梁105mm×300mm 和2根52.5mm×300mm登山梁来夹定，这4个地方用芯轴固定。

B部详图【S=1:15】

连接材
105×270

芯轴
4-M12

芯轴
M12

登山梁（双层）：52.5×300

托梁

檐梁上部用105mm厚的木材夹定，壁内用螺丝钉来固定。其交错厚度低于30mm，檐梁顶部看起来会更薄。

图2　在高度差位置设置顶侧开口　剖面图【S=1:120】

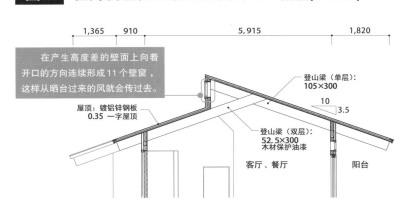

在产生高度差的壁面上向着开口的方向连续形成11个壁窗，这样从晒台过来的风就会传过去。

登山梁（单层）：
105×300

10

3.5

屋顶：镀铝锌钢板
0.35 一字屋顶

登山梁（双层）：
52.5×300
木材保护油漆

客厅、餐厅

阳台

　　通过晒台的大开口和没有屋顶的结构实现了开放式的起居室。因为混合房梁的高度差异部分开辟了开口，让四方视野更宽阔。

以屏风形屋顶
让光漫反射

墙壁和屋顶都是屏风形！

对于平面不够整齐的建筑物，该怎么架设屋顶是一个问题。

本案例就是像屏风一样有着曲折复杂形状的建筑（图1），屋顶也进行呼应，弯成屏风形（图2）。在壁面设计了很多开口，光从各种角度射入，形成光与影的空间。

因为做成屏风形屋顶面，中央部分出现了缓斜面的"谷"，所以对下雨天的考虑也不可或缺。　　　　　【赤坂真一郎】

图1 屏风形的复杂外墙 二楼平面图【S=1:150】

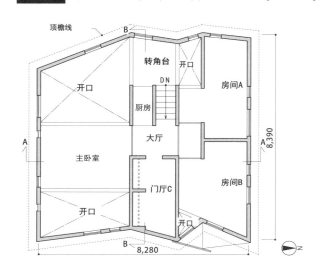

左图：建筑物外观。这里是常有大雪的地区，建筑物主人希望留下周围这些树木，所以这个屋顶在设计时有意让拍雪方向分散，以减少个别屋顶落雪的量。

右图：从眺望台看楼梯井。光的反射如享受一般，内壁和天顶都用了在针叶树系材质的构造胶合板，并涂环保漆。

图2 凹谷形设计的防雨雪优势 结构图【S=1:80】

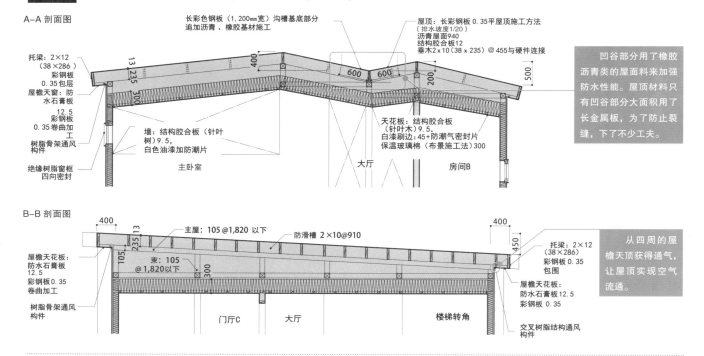

A—A 剖面图

长彩色钢板（1,200mm宽）沟槽基底部分
追加沥青、橡胶基材施工

屋顶：长彩色钢板 0.35平屋顶施工方法
（排水坡度1/20）
沥青屋面940
结构胶合板12
垂木2×10（38×235）@ 455与硬件连接

托梁：2×12
（38×286）
彩钢板
0.35包层
屋檐天窗：防水石膏板
12.5
彩钢板
0.35卷曲加工
树脂骨架通风构件
绝缘树脂窗框四向密封

墙：结构胶合板（针叶树）9.5，
白色油漆加防潮片

主卧室

天花板：结构胶合板
（针叶木）9.5，
白漆刷边：45+防潮气密封片
保温玻璃棉（布景施工法）300

大厅

房间B

凹谷部分用了橡胶沥青类的屋面料来加强防水性能。屋顶材料只有凹谷部分大面积用了长金属板，为了防止裂缝，下了不少工夫。

B—B 剖面图

屋檐天花板：
防水石膏板
12.5
彩钢板0.35
卷曲加工
树脂骨架通风构件

主屋：105 @1,820 以下
束：105
@1,820以下

防滑槽 2×10@910

托梁：2×12
（38×286）
彩钢板 0.35
包围

屋檐天花板：
防水石膏板12.5
彩钢板 0.35

门厅C

大厅

楼梯转角

交叉树脂结构通风构件

从四周的屋檐天顶获得通气，让屋顶实现空气流通。

Olesen Neue（设计：赤坂真一郎工作室 / 摄影：灰色摄影工作室 酒井广司）

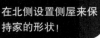
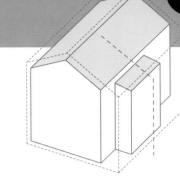

以人字形屋顶＋侧屋的模式 保证外形统一，并实现坡度

在构思上，就算想维持人字形屋顶的形状，也经常会因为道路斜线限制而变形。本案例中，在人字形屋顶的北侧设置侧屋，来一边保持对称的人字形屋顶，一边可以与高度斜线限制交错。人字形屋顶的主屋与侧屋作为与斜线限制交错的最大高度，来确保必要的空间容量（图1）。

因为内部是露出形架构，所以根据主屋和侧屋天顶高度发生了变化。主屋用的是高天花板起居室，看起来更加舒适开放。侧屋用了相对低的天花板，让空间看起来更加冷静沉着（图2、图3）。 【石黑隆康】

图1 用人字形屋顶和侧屋来与斜线限制交错
剖面图【 S＝1:100 】

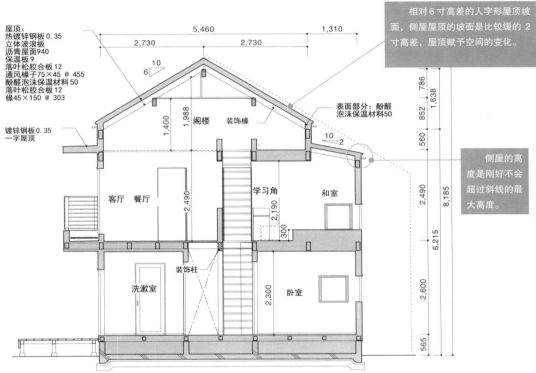

屋顶：
热镀锌钢板 0.35
立体波浪板
沥青屋面940
保温板 9
落叶松胶合板 12
通风椽子75×45 @ 455
酚醛泡沫保温材料50
落叶松胶合板 12
椽45×150 @ 303

镀锌钢板 0.35
一字屋顶

表面部分：酚醛泡沫保温材料50

阁楼　装饰椽

客厅　餐厅

学习角　和室

洗漱室　装饰柱　卧室

相对 6 寸高差的人字形屋顶坡面，侧屋屋顶的坡面是比较缓的 2 寸高差，屋顶赋予空间的变化。

侧屋的高度是刚好不会超过斜线的最大高度。

上图：建筑物外观。屋顶和外墙都用了电化铝铜板的材料来呈现立体感。

下图：人字形屋顶的内部做成了外露天顶，椽子对应着屋顶的坡度。

图2 侧屋是让人安心冷静的和室
二楼平面图【S=1:200】

北侧的侧屋，这个人字形屋顶无法容纳的地方则设置了和室（日式榻榻米房间），配有独立卫生间。

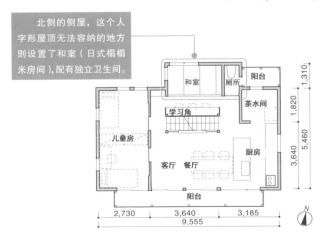

和室　厕所　阳台
学习角　茶水间
儿童房　客厅　餐厅　厨房
阳台

图3 露出构架的天顶看起来更加美观
屋顶俯视图【S=1:200】

人字形屋顶的部分有 45mm×150mm 的杉木椽子，按照 303mm 的间距配置，通过这种细小木材连续排列的方式，形成百叶窗一样的视觉。

× ：下层支柱
----- ：椽
////// ：部分装饰梁

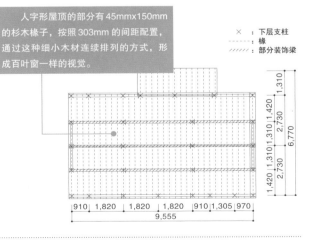

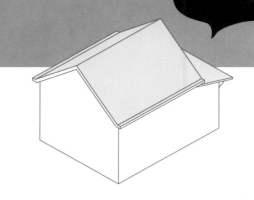

主立面简洁的家居型!

通过人字形屋顶与侧屋配合降低玄关的屋檐高度

　　要配合周围的建筑物和景观，还要外观得看起来袖珍小巧，但内部要有很多开放式的大空间。那么请看这个案例，应用了登山梁等架设简洁的人字形屋顶，用随着屋顶坡度架设的斜面天花板是最合适的（图1、图3、图5）

　　本案例中，在垂木与檩条做成的架构上架设8寸坡度差的斜面人形屋顶，在起居室设置了楼梯井。接着对双层主房的西侧追加一层的空间以架设侧屋，做成的侧屋屋檐能跟玄关屋檐相连接（图2）。　　　　　　　　　　　【若原一贵】

图1　在人字形屋顶侧面设置侧屋来控制屋檐高度　剖面图【S＝1：100】

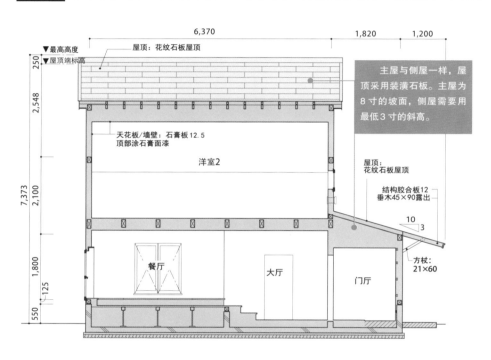

6,370　　　　　　1,820　　1,200

▼最高高度
250　▼屋顶端标高
屋顶：花纹石板屋顶

2,548

天花板/墙壁：石膏板12.5
顶部涂石膏面漆

洋室2

7,373

2,100

餐厅　　　　大厅　　　门厅

1,800

125

550

主屋与侧屋一样，屋顶采用装潢石板。主屋为8寸的坡面，侧屋需要用最低3寸的斜高。

屋顶：
花纹石板屋顶

结构胶合板12
垂木45×90露出

10
3

方杖：
21×60

　　建筑物西侧侧屋的屋檐。屋檐尽可能外延，达到1.2m，屋檐下给人一种沉着安静的感觉。为支撑屋檐而设置角撑，通过用垂木对夹节点，让屋檐天花板产生一种节奏感。通过简洁的半圆形排水槽，用顶部的排水导条让雨水落下。

图2　支撑侧屋的角撑　屋檐详图【S=1：20】　角撑部位剖面图【S=1：20】

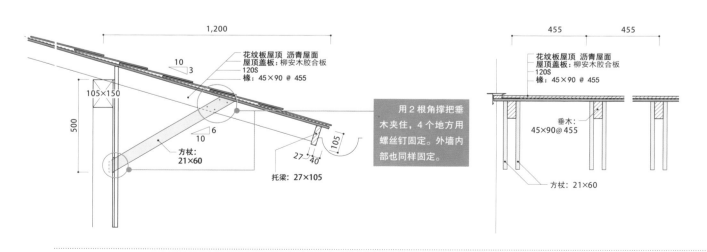

1,200

花纹板屋顶　沥青屋面
屋顶盖板：柳安木胶合板
120S
椽：45×90 @ 455

10
3

105×150

500

6
10

方杖：
21×60

27　40

105

托梁：27×105

用2根角撑把垂木夹住，4个地方用螺丝钉固定。外墙内部也同样固定。

455　　　455

花纹板屋顶　沥青屋面
屋顶盖板：柳安木胶合板
120S
椽：45×90 @ 455

垂木：
45×90@455

方杖：21×60

图3 设计一个精巧且开放的空间

剖面图【S=1:100】

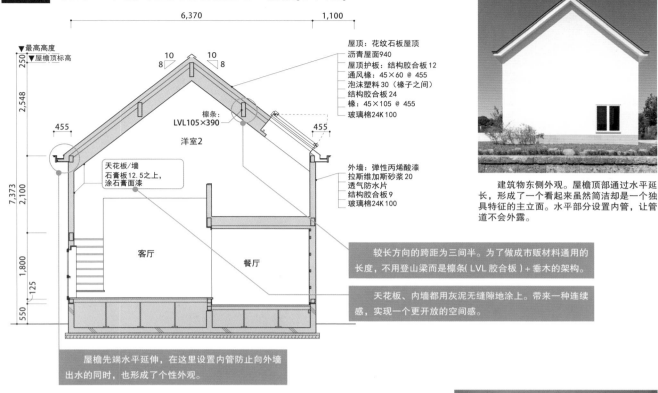

6,370   1,100

▼最高高度
▼屋檐顶标高
250
2,548

10 10
8   8

檩条：
LVL105×390

洋室2

455   455

7,373
2,100

天花板/墙
石膏板12.5之上，
涂石膏面漆

客厅   餐厅

1,800
125
550

屋顶：花纹石板屋顶
沥青屋面940
屋顶护板：结构胶合板12
通风椽：45×60 @ 455
泡沫塑料30（椽子之间）
结构胶合板24
椽：45×105 @ 455
玻璃棉24K 100

外墙：弹性丙烯酸漆
拉斯维加斯砂浆20
透气防水片
结构胶合板9
玻璃棉24K 100

> 较长方向的跨距为三间半。为了做成市贩材料通用的长度，不用登山梁而是檩条(LVL 胶合板)+ 垂木的架构。

> 天花板、内墙都用灰泥无缝隙地涂上。带来一种连续感，实现一个更开放的空间感。

> 屋檐先端水平延伸，在这里设置内管防止向外墙出水的同时，也形成了个性外观。

建筑物东侧外观。屋檐顶部通过水平延长，形成了一个看起来虽然简洁却是一个独具特征的主立面。水平部分设置内管，让管道不会外露。

图4 屋檐先端·内管的节点

截面详图【S=1:10】

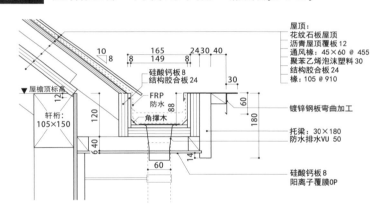

10   165   24 30 40
8   149   8
8
▼屋檐顶标高
12

轩桁：
105×150

硅酸钙板8
结构胶合板24

FRP
防水

角撑木

120
6 40
88
30
60
180

镀锌钢板弯曲加工

托梁：30×180
防水排水VU 50

60
14

硅酸钙板8
阳离子覆膜OP

屋顶：
花纹石板屋顶
沥青屋顶覆板12
通风椽：45×60 @ 455
聚苯乙烯泡沫塑料30
结构胶合板24
椽：105 @ 910

二楼的洋室。屋顶做成了斜面天花板，形成一个让人安心、冷静的空间。

图5 活用小高低差实现空间划分

一楼平面图 二楼平面图【S=1:250】

浴室

玄关

洗漱间

收纳门

厨房

客厅   餐厅

8,190

6,370

储物

洋室1

洋室2

开口部

上部顶灯

6,370

N

> 侧屋的部分配置了玄关和用水台。

> 各个房间宽缓地分成了1~2个高差。

从玄关看餐室。餐室的顶部高度控制得比较低，比它高一段的起居室因为用了屋顶的斜面顶所以更加宽广，形成了一个开放性的空间。

利用独立小屋顶
分散屋子里的热量

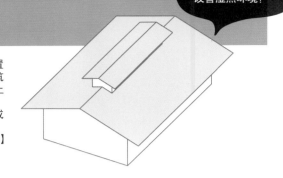

用自然的排换气方式改善湿热环境！

人字形屋顶和四坡屋顶中，上升的热量容易堆积。该问题可以通过在主屋设置独立小屋顶来解决（图1）。用与外面空气的温差来做成烟囱功效※，是一个让建筑物全体空气流通更好、让屋顶或阁楼里的热量向外分散的结构。在室内温度容易上升的夏天，可以大幅度降低空调的工作量。

这里是一边把内部的主屋的栋梁部分显露，一边把架构中构成人字形部分做成"插首"型（类似蒙古包内部），让天窗成为上方的视觉焦点（图2、图3）。

【濑野和广】

图1 设置独立小屋顶来调整温热环境　剖面图【S＝1:100】

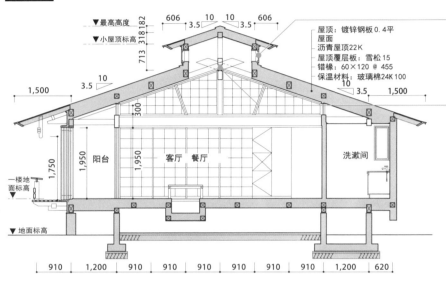

屋顶：镀锌钢板 0.4平屋面
沥青屋顶22K
屋顶覆层板：雪松15
错椽：60×120 @455
保温材料：玻璃棉24K 100

▼最高高度
▼小屋顶标高
606 3.5 10 10 3.5 606
318 182
713
10 3.5
3.5 10
1,500
300
1,500

阳台
客厅　餐厅
洗漱间
1,750 1,950 1,950
一楼地面标高▼
▼地面标高

910 1,200 910 910 910 910 910 910 1,200 620

檐凸出较大的人字形屋脊容易使室内变暗，所以使用顶侧开口给起居室采光。

横梁用的是 210mm 棱角的花旗松，给人一种强有力的印象。

独立小屋顶的外观。独立小屋顶的开口部用开闭型玻璃纱窗来处理。

图2 人字梁顶部的节点
人字梁顶部的详图【S=1:30】

把人字梁延伸到垂木上端部，让两段檩木实现一体感。

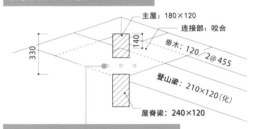

主屋：180×120
连接部：咬合
垂木：120 /2@455
登山梁：210×120（化）
屋脊梁：240×120
330
140

在人字梁顶部插入 3 根销子固定。一概不用金属件，纯手工完成。

独立小屋顶的楼梯井部分。小屋脊跟檩木之间用设置三角形纸拉窗，让顶侧开口照出的光线更加柔和。

图3 用短柱建筑来支撑独立小屋顶
阁楼俯视图【S=1:250】

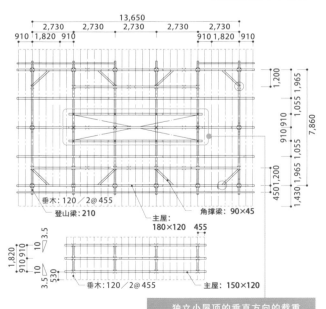

13,650
2,730 2,730 2,730 2,730 2,730
910 1,820 910 910 1,820 910
1,200
1,055 1,965
910 910
1,055
910
450 1,200
1,430 1,965
1,965
7,860

垂木：120 /2@455
登山梁：210
角撑梁：90×45
主屋：180×120
455

1,820
910 910
10
3.5
10
3.5 530
垂木：120 /2@455
主屋：150×120

独立小屋顶的垂直方向的载重，用主屋架构中的大梁来支撑。

※ 指的是建筑物内部因为外界高温空气而出现闷热的情况，高温的空气因为比低温空气密度低，所以烟囱内会产生浮力，建筑物下面四周开始从外面吸入冷空气同时让热空气上升的结构。

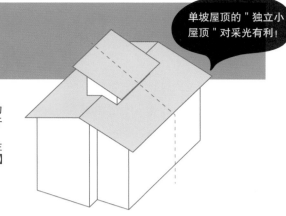

单坡屋顶的"独立小屋顶"对采光有利!

利用单坡屋顶的独立小屋顶获得采光

　　城市的住房，因为墙面都比较难开口，所以室内的光线会容易变暗。本案例中，是通过设计单坡屋顶的独立小屋顶，来解决这个问题（图1、图3）。独立小屋顶的南面做成凸出的形状，前面设置开口来获取采光。内部二楼的一部做楼梯井，从开口部得到的光，就会通过楼梯井传到楼下（图2）。

　　独立小屋顶的开口部不仅作为采光窗还有做换气口的功能。可以做到虽然是住宅密集区，却能得到很好的采光和换气环境。　　　　　　　　　　　【濑野和广】

图1　用单坡屋顶的独立小屋顶获得采光

剖面图【S=1:50】

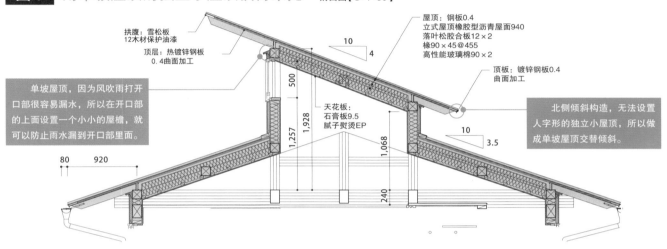

拱腹：雪松板
12木材保护油漆
顶层：热镀锌钢板
0.4曲面加工

屋顶：钢板0.4
立式屋顶橡胶型沥青屋面940
落叶松胶合板12×2
椽90×45@455
高性能玻璃棉90×2

顶板：镀锌钢板0.4
曲面加工

单坡屋顶，因为风吹雨打开口部很容易漏水，所以在开口部的上面设置一个小小的屋檐，就可以防止雨水漏到开口部里面。

北侧倾斜构造，无法设置人字形的独立小屋顶，所以做成单坡屋顶交替倾斜。

天花板：
石膏板9.5
腻子熨烫EP

500　1,928　1,257　1,068　240
10　4　10　3.5
80　920

图2　用楼梯井把光传到楼下

平面图【S=1:250】

独立小屋顶内部的楼梯井部分做成平整梁架构，将来做阁楼的时候可以发挥地板梁的作用。

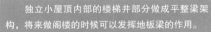

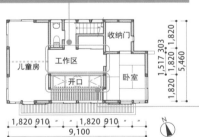

儿童房　工作区　收纳门　卧室　开口

1,517　303　1,820　1,820　1,820　5,460
1,820　910　1,820　910
9,100

二楼的 0.5 间 x 2 间当作梯井，用来连接一楼、二楼。

右图：外观。独立小屋顶设计成了高过南面邻家的屋脊。

左图：从工作区看独立小屋顶部分。主屋的小屋梁做成了露出式。

图3　制作标准的和式阁楼

阁楼俯视图【S=1:150】

托梁上面用短柱支撑形成朴素的和式阁楼的架构。

管状柱（下部）
管状柱（在上部和下部）

1,820　551

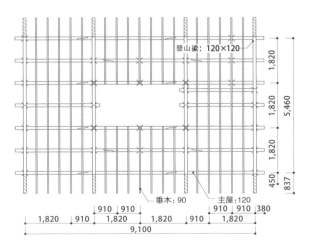

登山梁：120×120
垂木：90
主屋：120

1,820　1,820　1,820　450　837　5,460
910　910　1,820　910　910　380
1,820　910　1,820　910　1,820
9,100

风缘（设计：濑野和广 + 设计工作室 / 摄影：Sam style 吉田修）

人字形屋顶上
再加一个小的人字形屋顶

把屋脊方向回转90度来调和风景！

这个住宅是建造在刚开发完不久的新市区，位于田园地带的边缘。相对于新市区成群的火柴盒建筑，田园地区可以把下层做得更宽大，在这上面盖一个小阁楼的形式。

本案例中，采用了新旧风景相连的理念。通常，一楼和二楼的屋脊方向是一样的，但是一层人字形屋脊指向田园地区方向，为配合新建筑群的氛围（位于南面），二楼的屋脊设计成了南北走向（图1~4）。　　　　【松尾宙、松尾由希】

图1　屋脊方向不同的两个人形屋脊

剖面图【S＝1：150】

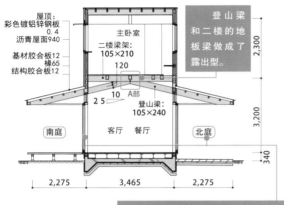

屋顶：
彩色镀铝锌钢板 0.4
沥青屋面940
基材胶合板12
椽65
结构胶合板12

二楼梁架：105×210
主卧室
120
10　A部
2 5
登山梁：105×240

南庭　客厅　餐厅　北庭

登山梁和二楼的地板梁做成了露出型。

2,275　3,465　2,275

南北面设置了很大的屋檐下的空间，成为了内部和外部的中间领域。

图2　登山梁顶部的节点

A部详图【S＝1：60】

后期金属件（柱基，柱头）　工作点
梁：105×210　　　榫　　接合金属件TL-200 φ18
230 230
120
登山梁：105×240　　接合　柱：105
100　　　　　　　120　　TL-500 φ24
1,732.5　　　1,732.5
3,465

两根登山梁像人字形构架一样摆上，然后用黏着剂、金属榫固定在地板梁上。

图3　把登山梁从外廊延伸到室内

一楼、二楼屋顶结构图【S＝1：200】

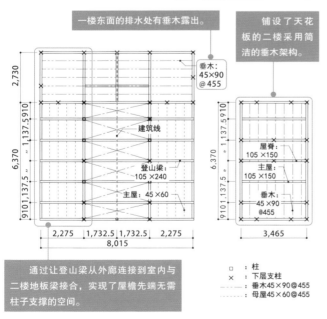

一楼东面的排水处有垂木露出。

铺设了天花板的二楼采用简洁的垂木架构。

垂木：45×90 @455

建筑线

登山梁：105×240

主屋：45×60

2,730
6,370
1,137.5 910
1,137.5
910 1,137.5

屋脊 105×150
主屋 105×150
垂木 45×90 @455

6,370
1,137.5 910
1,137.5

2,275　1,732.5　1,732.5　2,275
8,015

3,465

□ ：柱
× ：下层支柱
---- ：垂木45×90@455
···· ：母屋45×60@455

通过让登山梁从外廊连接到室内与二楼地板梁接合，实现了屋檐先端无需柱子支撑的空间。

图4　有巨大侧椽的 T 形设计

1楼平面图【S＝1：200】

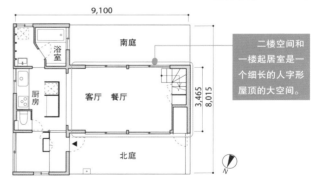

9,100
浴室
南庭
厨房
客厅　餐厅
北庭
3,465
8,015
N

二楼空间和一楼起居室是一个细长的人字形屋顶的大空间。

从一楼起居室看厨房。天顶能看到的白色部分是二楼的底板梁和基材。集成板材的登山梁用金属器具与地板梁接合，用木栓把铆钉空盖住。

七光台的住宅（设计：Umbre-Architects / 摄影：铃木健一摄影事务所）

用十字梁的桁架构造实现大空间

> 只用屋脊来做水平构面！

如果在屋顶形状和构架上下功夫的话，传统的木构造法，可以做出一个没柱子的大空间。本案例中，通过架设用对角线的十字交叉梁获得水平刚架，做成一个以屋梁和垂木构成的大空间（图1、图2）。以朝南北架设的屋脊为中心做成一个折回形状，北侧做高然后往下倾斜，让视觉能穿过去看到不错的景色（图3）。

内部是没有梁架的独立柱子的大空间（图4）。垂木朝向四方扩开，给房间带来更丰富的感观。【林美树】

图1 用立体的人字梁来做构架 屋顶俯视图【S=1：100】

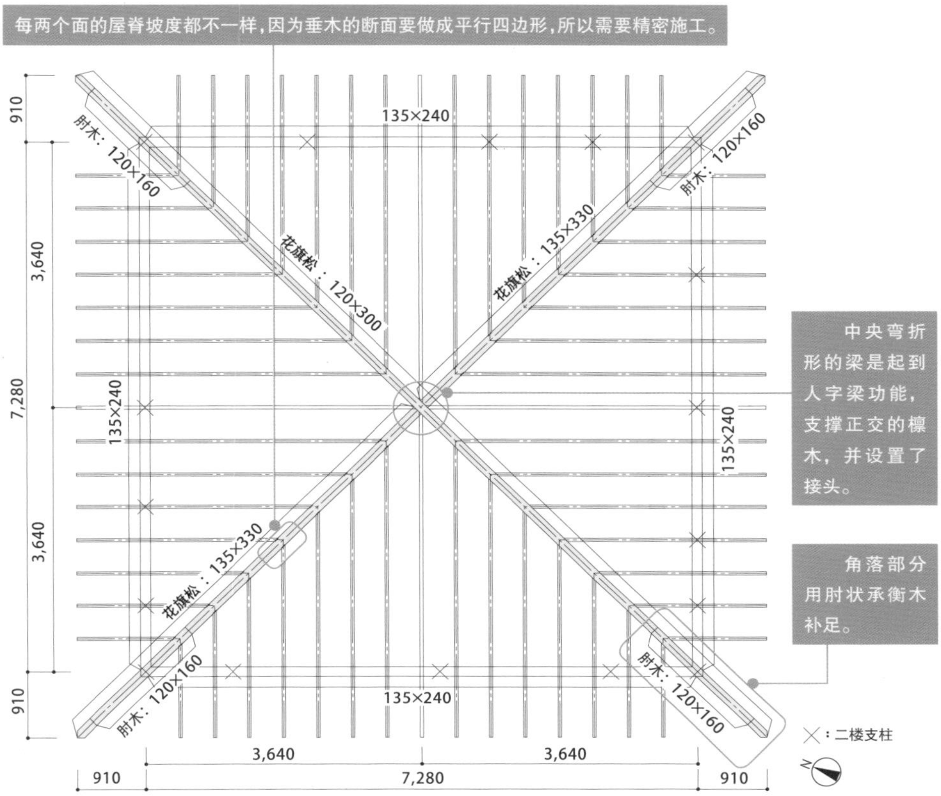

每两个面的屋脊坡度都不一样,因为垂木的断面要做成平行四边形,所以需要精密施工。

肘木：120×160
花旗松：120×300
花旗松：135×330
花旗松：135×330
肘木：120×160
135×240
135×240
135×240
135×240
肘木：120×160
肘木：120×160

910 3,640 7,280 3,640 910
910 3,640 7,280 3,640 910

×：二楼支柱

中央弯折形的梁是起到人字梁功能，支撑正交的檩木，并设置了接头。

角落部分用肘状承衡木补足。

图2 用整体的平衡来互相支撑

如果用人字梁来做桁架构造的话，就容易保持水平刚度，实现无支柱的大空间。

把组成三角形的屋脊做成平面桁架，形成水平构面。

横梁（檩条）
外周梁
横梁（椽子）

C：压缩材料
T：拉伸材料

弯下的屋脊因为压缩的轴力会发生推力※，向外周屋脊拉伸，通过主屋梁产生的压缩力来维持建筑整体的应力平衡。

图3 一楼钢筋混凝土、二楼木结构 剖面图【S=1：200】

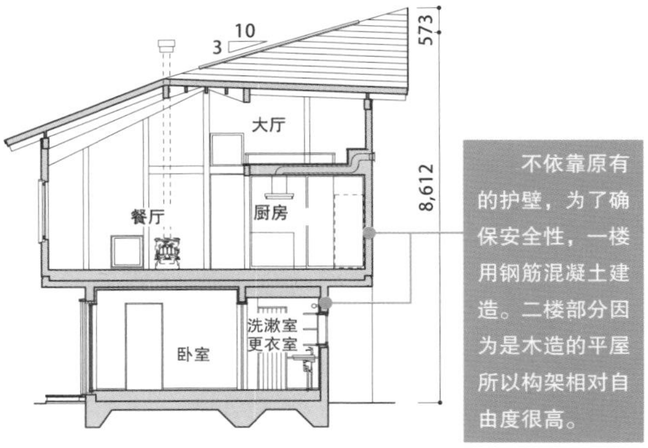

大厅
餐厅
厨房
10
3
573
8,612
卧室
洗漱室更衣室

不依靠原有的护壁，为了确保安全性，一楼用钢筋混凝土建造。二楼部分因为是木造的平屋所以构架相对自由度很高。

图4 无柱的大空间 二层平面图【S=1：400】

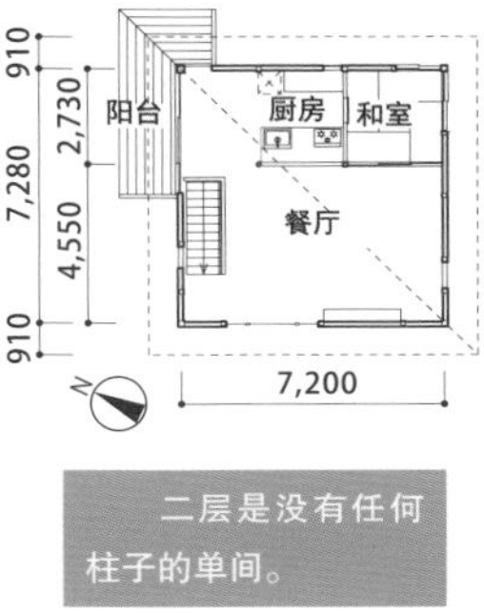

阳台
厨房 和室
餐厅
910 2,730 4,550 910
7,280
7,200

二层是没有任何柱子的单间。

从二楼的起居室看厨房。因为同人字梁保持了水平构面，所以天花板的垂木上面直接铺了杉木的地板。形成了一个能感受木结构温度的空间。

※ 主屋梁被弯曲桁梁挤压，就会向水平方向展开。这股展开的力量就是所谓的推力。

完全没有凸出檐的
人字形屋顶

屋檐不凸出即可
免受斜线限制！

在设计住宅上，费尽心思地想设计凸出型屋檐。但是，由于北侧斜线限制等原因，也有一些不得不把屋檐凸出部分尽量控制得短一点的案例。同时为了确保天顶的高度，就会采用像本案例这样不让屋檐凸出的设计（图1~图3）。

在没有屋檐凸出的情况下，通常的外墙材料对于脏东西和漏水的处理比较困难。于是本案例中，使用跟屋顶同样材料的金属板连接到外墙。人字形屋顶两端的墙壁上涂抹了灰泥，强调与金属板壁面的对比性。　　　　　　　　　【藤原昭夫】

图1　屋檐不凸出可应对斜线限制　　剖面图【S＝1：100】

通过去掉屋檐凸出部分来规避斜线限制，让内部的天顶的斜面天顶保持最大的高度。

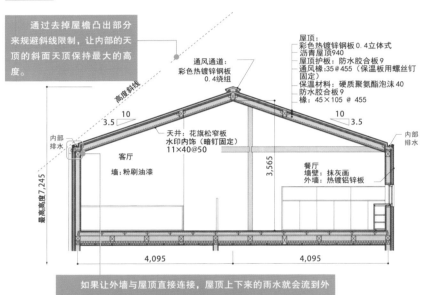

通风通道：
彩色热镀锌钢板
0.4绕组

高度斜线

10
3.5

屋顶：
彩色热镀锌钢板 0.4立体式
沥青屋顶940
屋顶护板：防水胶合板9
通风椽：35@455（保温板用螺丝钉固定）
保温材料：硬质聚氨酯泡沫40
防水胶合板9
椽：45×105 @ 455

10
3.5

内部
排水

天井：花旗松窄板
水印内饰（暗钉固定）
11×40@50

内部
排水

客厅
墙：粉刷油漆

3,565

餐厅
墙壁：抹灰画
外墙：热镀铝锌板

最高高度7,245

4,095　　　　　4,095

如果让外墙与屋顶直接连接，屋顶上下来的雨水就会流到外墙的开口部。为了对应这个问题，屋顶端部内置了排水槽。

上图：建筑物外观（人字形屋顶两侧）。
下图：如要墙壁与屋顶同样的润饰的话，可以考虑整体的形状用像屋顶材料围住一样的通道设计。因为要做通道形状，人字形屋顶两侧墙端缘和袖墙 ※。

图2　露出大部分墙端缘　　屋顶结构图【S＝1：150】

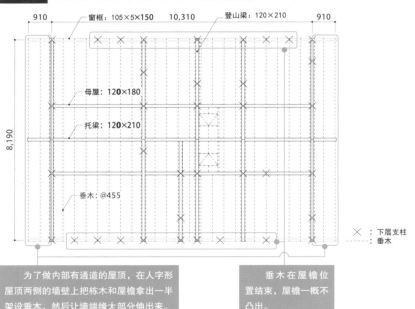

910　　窗框：105×5×150　10,310　　登山梁：120×210　　910

母屋：120×180

托梁：120×210

8,190

垂木：@455

×：下层支柱
---------：垂木

为了做内部有通道的屋顶，在人字形屋顶两侧的墙壁上把栋木和屋檐拿出一半架设垂木，然后让墙端缘大部分伸出来。

垂木在屋檐位置结束，屋檐一概不凸出。

图3　内置排水槽要设计得简洁
部分详图［S＝1：10］

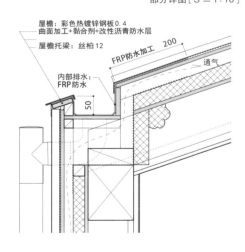

屋檐：彩色热镀锌钢板0.4
曲面加工+黏合剂+改性沥青防水层

屋檐托梁：丝柏12

FRP防水加工

200

通气

内部排水：
FRP防水

50

内管的纤维增强复合材料防水层，水下到三角垫木，水上延长 200mm 左右。内管部分设置通气孔，与外墙的通气层连接用换气栋来换气。

※ 当前端的柱子到了屋顶屋檐下的话就会被算入建筑面积，本案例就是不让袖壁到达屋顶，在中途切断了边框。

都筑之家（设计、摄影：结设计）

用双曲抛物面薄壳实现无柱大空间

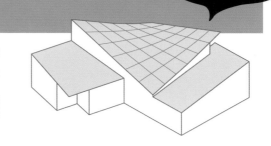

制作一个柔软印象的大空间！

如果采用双曲抛物面薄壳※，就可以不用大截面材料，用非常小的材料也能做成屋顶。本案例就是在6mx7.5m的空间用2张合在一起的合成板材（24mm厚）架构成的（图1、图2、图4）。合成板用扇形材料（60mmx105mm）和固定材料（60mmx60mm）来拧紧固定，做成一块板（图3）。

内部的天花板用了三次元曲面，成了一个被围住的空间。天花板把连接外部露天平台的起居室拉高，厨房平缓放低，让变化更加丰富。　　　　　　【西岛正树】

图1　用薄屋顶做一个大空间

剖面图【S=1:200】　平面图【1:400】

不用房梁，而只用胶合板架构屋顶所以截面可以很薄。

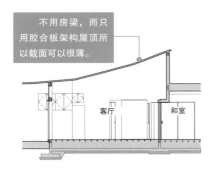

起居室用的是双曲抛物面薄壳，和室和卧室做成单坡屋顶，配合房间用途变化了屋顶形状。

图2　面内线以弹力抵抗荷载

对于双曲抛物面薄壳的相对垂直重量问题，用面内线的弹力来抵抗。通过上升量（弯曲高度）的扩大来增强构造的承受力。

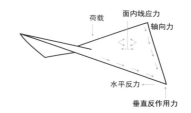

荷载　面内线应力　轴向力　水平反力　垂直反作用力

图3　在不切断胶合板的情况下做屋顶面

屋顶结构图【S=1:100】

对角线上加用钢丝来压制推力。

如果平面短边方向用扇形材料，要把与此直交的固定材料组成格子状。扇形材料与一个双曲抛物面薄壳来配合切割，使其贴附于曲面。

边缘材质 120
支撑材料 60×105 @430

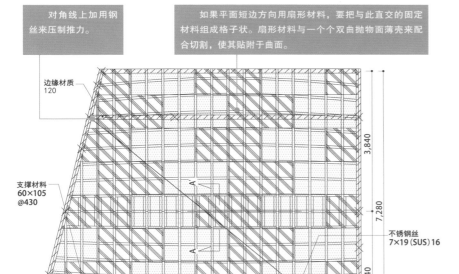

不锈钢丝 7×19（SUS）16
连接材 60 @455

3,840　7,280　3,840
1,720　3,440　3,440

如果在平面上直交格子，三次元曲面的双曲抛物面薄壳的投影就会变成菱形格子，铺胶合板就会变得困难。像固定材料在双曲抛物面薄壳上做沥青一样，分配到平面上中央膨胀的地方，就可以在不切割胶合板的情况下使用了。

图4　屋顶的详细情况

A–A' 详图【S=1:10】

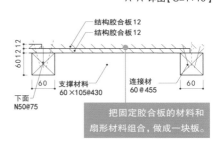

结构胶合板 12
结构胶合板 12
支撑材料 60 ×105@430
下面 N50@75
连接材 60 @455

把固定胶合板的材料和扇形材料组合，做成一块板。

上图：外观。露天平台一侧开设了一个直到屋顶房梁的大开口，从外面可以看到曲面的屋顶。

下图：从起居室看厨房，厨房的天花板很缓和地慢慢降低。

※ 所谓双曲抛物面薄壳，就是拥有凸面凹面的马鞍一样的三次元曲面。相对一般的贝壳面是两个方向的弯曲率，这种的优势在于把边缘的平行线直交，曲率变成了一个方向，比较容易加工了。这种设计也很适合木造建筑的结构，而且因为对外方向很难屈曲，所以可以做得很薄。

屋脊斜向架构的 V 形屋顶

从主建筑处看到远隔的侧屋屋顶是具有个性的 V 形！

　　细长的コ形带天井的住宅。两层的主体建筑为单坡屋顶和人字形屋顶大量相连，整个建筑呈现为直角形状，设有客厅、卧室、厨房等。

　　通过走廊连接的独间平房设有音响室。因为能够从主建筑处看到独间平房的屋顶，为了这个屋顶在视觉上更有个性，采用斜架屋脊，并折成 V 形屋顶，面向院子做成坡度，顶端折弯，从此处开始使得雨水往下滴落至正下方的滴水槽（图1、图2）。

【杉浦充】

图1　像叶脉一样斜架而成的登山梁

屋顶俯视图【S=1：100】

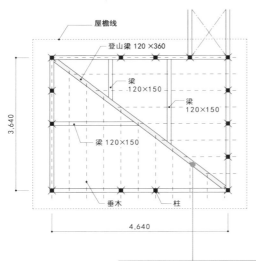

屋檐线
登山梁 120 ×360
梁 120×150
梁 120×150
梁 120×150
垂木
柱
3,640
4,640

独立的平房有 5 坪左右的小空间。对角线处铺设斜梁，就像叶脉一样铺设 3 根梁。

图2　省略滴水槽，从顶端处开始使水往下滴落

剖面图【S=1：80】

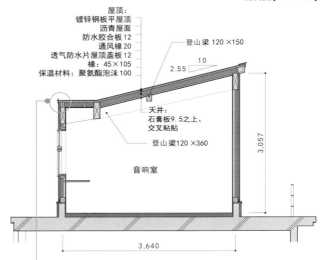

屋顶：
镀锌钢板平屋顶
沥青屋面
防水胶合板 12
通风椽 20
透气防水片屋顶盖板 12
椽：45×105
保温材料：聚氨酯泡沫 100
登山梁 120 ×150
10
2.55
天井：
石膏板9.5之上、交叉粘贴
登山梁120 ×360
音响室
3,057
3,640

屋顶的顶端坡度采用 2.5 寸左右的高差，为了使雨水从顶端下落，在屋顶的外围架设了防雨槽。为了从主体建筑视角上所有其他屋顶是一个整体，省略了排雨水的天沟。

左图：从主体建筑向下看独间的屋顶。雨水从尖屋顶的顶端处落到了由碎石铺垫成的雨水槽。

中图：往上看独间的天花板。斜架的梁架外露，呈现出叶脉般的架构。

右图：因为屋顶的面积小，所以不易产生防雨问题。屋面料合并成屋顶面的"谷地"。

DROP ON LEAF（设计、摄影：充综合设计一级建筑师事务所）

将人字形屋顶折弯成〈形

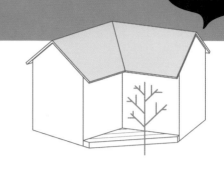

对于密集区的住宅，要想从各个房间都可眺望庭院的话，可以采用〈形设计（图1）。房顶也结合设计图采用了〈形（图2）。要确保阁楼的天花板足够高，就要回避北侧斜线。考虑平面设计的平衡性，不采用一面坡而采用人字形的屋顶。通过人字形屋顶的底部成弓形的天花板抑制了高度，与单方面天花板较高的一面坡屋顶相比，变成了有较稳定的空间。并且，由于大梁的位置不在中心，屋顶和天花板的坡度发生了变化，使庭院的空间重心被降低。　　　　　【村田淳】

图1　包围庭院的〈形设计
一楼平面图（左）、二楼平面图（右图）【S=1：200】

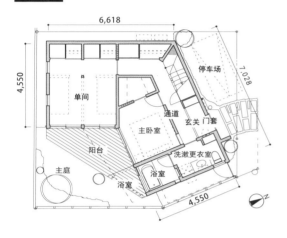

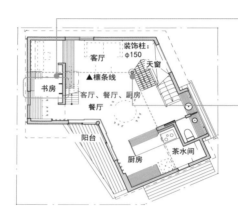

为了采光在二楼设置了客厅、餐厅和厨房，在书房的上部有一个小阁楼。

让大梁的位置侧偏，装饰用的圆柱将成为表示房间的边界的起点，但圆柱并不会妨碍视线、活动线。

图2　屋脊梁的方向不同的两个人字形屋顶
屋顶俯视图【S=1：120】

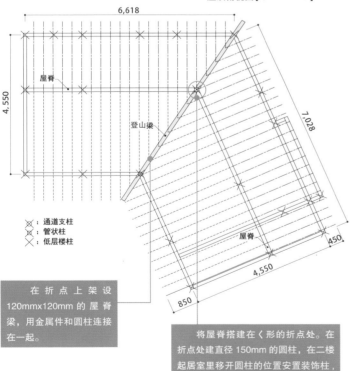

✕：通道支柱
✕：管状柱
✕：低层楼柱

在折点上架设120mm×120mm的屋脊梁，用金属件和圆柱连接在一起。

将屋脊搭建在〈形的折点处。在折点处直径150mm的圆柱，在二楼起居室里移开圆柱的位置安置装饰柱，供观赏用。

从客厅看向书房。用底部成弓形天花板和〈形的规划来成就简单而又有变化的空间。

从一楼单间看走廊和庭院。这个房间将来准备设计个隔断，可以变成两室。这样也可实现两个房间通过走廊和院子相连。

偏移房梁的位置，以便于设置庭院

把屋顶分开，屋檐的高度也就分成了2种！

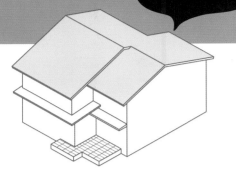

在大小有限的建筑面积中想要设计庭院和停车场的话，就要把建筑物从中央偏移，然后充分利用这多出来的空间。本案例就是为了开辟南、北两个庭院，所以把房梁进行了偏移，形成了双屋顶形式。因此，人字形屋顶变成了两个不相同的形状架设，如果在两个地方设计庭院，就可以各自对应庭院来调整屋檐的高度。

【熊泽安子】

图1 偏移房梁来设计庭院

一楼平面图【S=1：200】

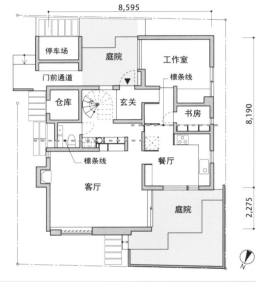

8,595
8,190
2,275

停车场　庭院　工作室
门前通道　　　檩条线
仓库　玄关　书房
檩条线　餐厅
客厅
庭院

N

通过偏移房梁，实现了一楼各室都能面对庭院的设计。

图2 弥补檩木的不连续性

屋顶俯视图【S=1：200】

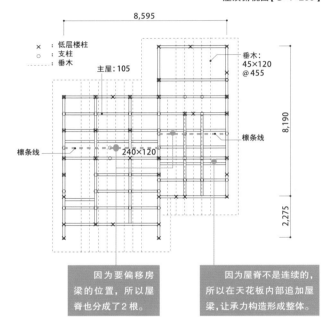

× ：低层楼柱
○ ：支柱
⋯⋯：垂木

8,595
8,190
2,275

主屋：105
垂木：45×120 @455
檩条线
檩条线
240×120

因为要偏移房梁的位置，所以屋脊也分成了2根。

因为屋脊不是连续的，所以在天花板内部追加屋梁，让承力构造形成整体。

图3 用两面屋顶来确保适合的屋檐高度

剖面图【S=1：150】

因为采用了空气集热式太阳能，设置了容易接受太阳光的3.5寸高差的坡面，但是位置向没有阴影遮蔽北侧斜线方向做了偏移。

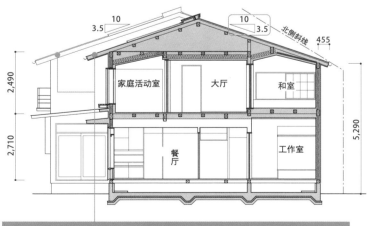

10
3.5
10
3.5
北侧斜线
455

2,490
2,710
5,290

家庭活动室　大厅　和室
餐厅　工作室

通过偏移房梁，屋顶分成了两部分，各自屋檐的高度得以控制。

从起居室的南侧看庭院，地板上铺了大谷石，屋檐的下面是碎石地。通过偏移房梁多出来的空间设置的庭院，能够从起居室和餐厅两个地方看到庭院，并获得充分的采光。

宫前的家（设计、摄影：熊泽安子建筑设计室）

把大空间
分成并排的多个小空间

把小的人字形屋顶并列来控制存在感

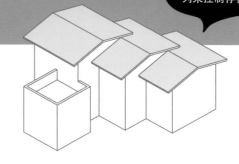

在决定建筑物的外观和屋顶的时候就要关心建筑和周边环境的关系。本案例的建筑周边环境是杂木林广阔、恬静的别墅区，为了使建筑物不变成孤立而突兀地存在，需要根据周围的树木来进行全局设计。于是，不做成大体积的建筑物，而是分成4.8m坡长的3个小的体积。架设一个各自拥有安定感的人字形屋顶，通过并列屋顶来控制建筑的存在感，形成一个与环境相宜的作品。 【丸山弹】

图1 把三个人字形屋顶大小不一样地排列 结构图【S=1:100】

各自架设了简洁的人字形屋顶。通过表现出建筑的原型让这个建筑物看起来朴素又有内涵。

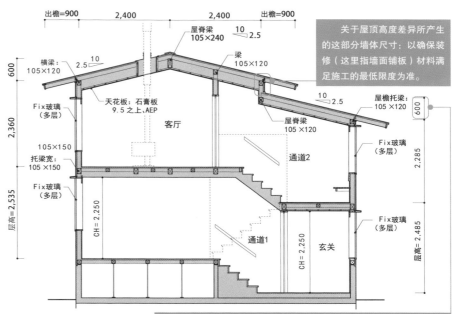

出檐=900　2,400　2,400　出檐=900

屋脊梁 105×240　10 2.5

梁 105×120

横梁：105×120　2.5 10

天花板：石膏板 9.5 之上、AEP

客厅

屋脊梁 105×120

10 2.5

屋檐托梁：105×120

Fix玻璃（多层）

105×150

托梁宽：105×150

Fix玻璃（多层）

通道2

Fix玻璃（多层）

600

2,285

通道1

玄关

CH＝2.250

CH＝2.250

Fix玻璃（多层）

层高＝2,485

2,360　层高＝2,535　CH＝2.250

关于屋顶高度差异所产生的这部分墙体尺寸：以确保装修（这里指墙面铺板）材料满足施工的最低限度为准。

房梁中央和东边的 2 个成了跳层。屋顶也对应调整，把整体的两个屋檐高度都提高了600mm。

图2 与连栋形相关的设计 二楼平面图【S=1:200】

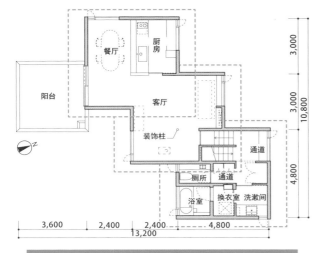

餐厅　厨房

阳台

客厅

装饰柱

通道

厕所

通道

浴室　换衣室　洗漱间

N

3,600　2,400　2,400　4,800
13,200

3,000
3,000
4,800
10,800

屋檐高度最低的东栋天花板铺平板，让用水处集中。剩下的2栋根据不同的屋顶高度让两个斜面产生连续。

从二楼的起居室看晒台。起居室位于中央房梁和西栋重叠的地方。通过天花板相连让空间产生连续性，并形成一个小体积的下层空间。而且因为各处天花板的高度不一样，所以各自的空间用途也被巧妙地分开了。

第 2 章

单坡屋顶

单坡屋顶防雨排水性能优越，且能满足复杂的平面。
但是这种单方向侧偏的形式要做到视觉上的完美很
困难。

如果在侧偏的一面给予曲面变化，或通过多个单坡
的组合亦可实现外观平衡。

本章节将介绍几个单坡屋顶的经典设计案例。

单坡屋顶的基本设计

图1 单坡屋顶的特征

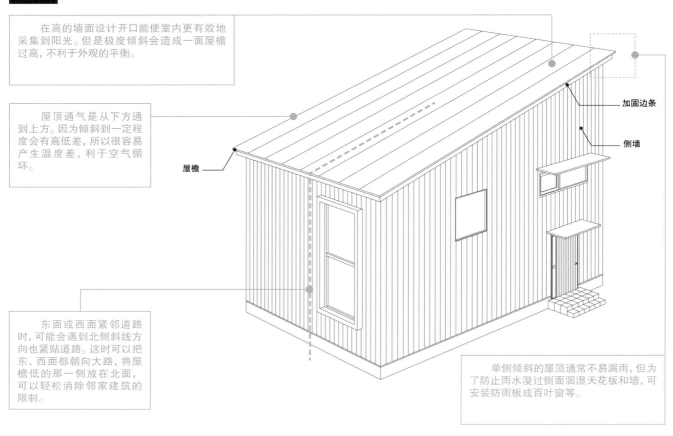

在高的墙面设计开口能使室内更有效地采集到阳光。但是极度倾斜会造成一面屋檐过高，不利于外观的平衡。

屋顶通气是从下方通到上方。因为倾斜到一定程度会有高低差，所以很容易产生温度差，利于空气循环。

加固边条

侧墙

屋檐

东面或西面紧邻道路时，可能会遇到北侧斜线方向也紧贴道路。这时可以把东、西面都朝向大路，将屋檐低的那一侧放在北面，可以轻松消除邻家建筑的限制。

单侧倾斜的屋顶通常不易漏雨，但为了防止雨水漫过侧面洇湿天花板和墙，可安装防雨板或百叶窗等。

单坡屋顶的外观"平衡"是建筑的生命

朝一个方向倾斜的单坡屋顶，由于屋顶表面没有复杂的连接，比起人字形屋顶更容易防漏。而且，房子屋顶的高低差越大，屋顶就越容易通气。

如果高屋顶的立面是正面的话，可以建成没有护栏的扁平箱形屋顶。如果将单坡屋顶的大屋顶架设到二楼，上方和下方楼层通过通风处连接成一个立体空间，或许更美观。

在城市住宅密集地等位置，如果东面或西面有道路相邻，或者北侧也有道路斜线的影响时，则让山墙面朝向有道路那一侧，屋檐的低侧朝向北侧，则容易规避道路斜线限制（图1）。这是建设商品房的常用手段。这样设计的屋顶坡度，有着"与道路斜线共鸣"的风情。

单坡屋顶需要顶朝向正面，并架设方形平面，与侧面的墙面有一定的比例，很难形成一种平衡立体的形状。我尝试多种倾斜方式并最终找到了最佳形状。

比如说，选用作为屋顶材料的金属板屋顶，倾斜的程度几乎感受不到，只有1∶20的坡度（图2-G）。有一种方法是将单坡屋顶与另一个方向相反的单坡屋顶组合，以提供稳定感（图2-A）。而且，折线状（图2-B）和曲面（图2-I）的单坡屋顶，能够做出流动性缓慢的稳定的外观。尤其是单坡顶是朝着一方倾斜的简单形状时，我们要考虑设计L形、コ形这类凹凸复杂多变的平面。（图2-D、图2-E）。

单坡屋顶的构架形式与人字形屋顶一样，也有小阁楼和横梁，构架形式决定是否能够确保水平刚度。如果不想小阁楼露出了火打梁，可以用斜梁形式架设屋顶，以保证刚度（图3）。

【饭塚丰】

图2　单坡屋顶的应用

Ⓐ 单坡屋顶的组合

以占地面积大的单坡屋顶为主体，在它背面添加一个偏房，给建筑物正面增加稳定感。

Ⓑ 在中间段变化坡角

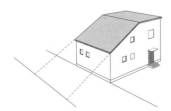

屋顶中段开始改变坡度，以配合道路斜线。这种方式适合紧邻道路的建筑以便获得最大的换气能力。

Ⓒ 屋顶设计小房间

在单坡屋顶上设计小阁楼，能照顾采光和通风。不依靠天窗也能把屋顶上的光导进房间。

Ⓓ Ⓔ 复杂的下层平面用简洁的屋顶覆盖

在 L 形、コ形和〈形的平面上架起屋顶。因为屋顶的朝向不一样，所以在选择朝向时要慎重。

Ⓕ 部分平屋顶

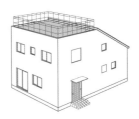

单坡屋顶在中途变化坡度，用一部分做了平屋顶。可以灵活运用这个露台。

Ⓖ 屋顶缓慢倾斜

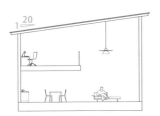

缓慢倾斜的平屋顶靠近立面。能避免因为使用木材为原料而造成漏雨等危害。这种缓慢倾斜的屋顶上面也适合作晒台。

Ⓗ 单坡顶上看到平屋顶的风格

单坡屋顶上做了护栏。在防止漏雨等危害的同时也能看到平屋顶的风格。

Ⓘ 屋顶做成曲面

用曲面来弱化单坡屋顶的＂匠气＂。如果坡度更缓的话，会得到更宽敞的内部空间。

图3　做阁楼还是做登山梁？

阁楼的构造

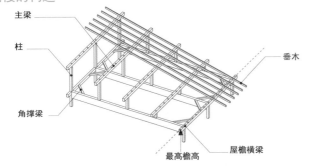

主梁

柱

角撑梁

垂木

最高檐高

屋檐横梁

单坡屋顶原则上最高点是屋脊梁，但是日式阁楼中，支撑屋檐的支柱上端往往是最高点，且登山梁可以比整个屋顶梁架高出一些。

登山梁构造

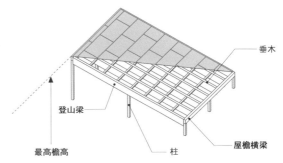

垂木

登山梁

最高檐高

柱

屋檐横梁

配合屋顶坡度架设登山梁、水平垂木、或者主梁垂木，以构成阁楼架构。因为没有桁架，屋顶内部形成了一个有用的空间。

采用弯曲的屋顶 保持屋檐的高度

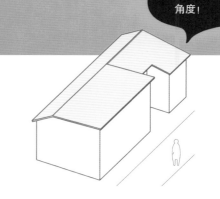

部分屋檐改变了角度！

　　在单坡屋顶的建筑物中，当较高的一侧与前方道路相接时，会给路人带来压力，通过缓慢倾斜来保持屋檐低矮以避免这种情况。

　　在这种情况下，由于单坡屋顶低的那一侧添加了北侧斜线，这部分可以做成斜坡，而在屋顶设置了折线（图1、图2）。

　　室内都使用了椽子，全部露出了天花板，能包出一个很大的空间。　【向山博】

图1 屋顶中途改变了倾斜方式　剖面图（S=1:120）

北侧斜线和折线南侧平缓倾斜的坡度保持前方道路两侧的屋檐很低。

屋顶：
彩绘镀锌钢板0.4

北侧斜线

100 5.49

A部

100 61.5

天花板：
登山梁@303
木材防护漆
白砂灰壁5（梁）

储物2

6,177

客厅　餐厅

茶水间

邻家边界线

7,735　1,125

室内椽子露出的尺寸随着跨度的变化而变化，北侧为184mm，南侧为286mm。

上图：断点部分为钣金。与上面的屋顶重叠，并在台阶部分使用了蔓草图案花纹。（向山博建筑设计事务所）

下图：建筑物外观。因为是折线屋顶，所以确保前方道路两侧的屋檐很低。

图2 屋顶折线的实现　平面图【S=1:300】

储物1

门厅

玄关

厨房

茶水间

浴室　洗漱室

屋顶折角线

大厅

客厅　餐厅

和室

中庭

兴趣活动室2

7,735

21,385

道路边界线

在中央设计一个起居室。由于暴露了的结构材料，屋顶的折线也在内部可见。基于这个折线，我们在北侧装置了水循环和储存系统。

该建筑物是一个跨越2个不同高度的大长方形。我们通过分割前面道路旁的中院的占地面积，以使中庭不会变得太大。

抬头看起居室的天花板，椽子之间的天花板表面与内壁是同一石膏层。我们决定了椽子的配置和间距，使得白色天花板的外观随你所在位置的变化而变化。

神木本町之家（设计：向山博建筑设计事务所／摄影：中川敦玲）

利用斜撑
支撑倾斜面做屋顶

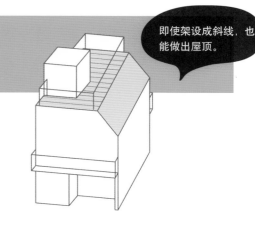

即使架设成斜线，也能做出屋顶。

在制作屋顶时，将整个屋顶做成平屋顶是最省事的。但是，也有因受周边环境和法律规定的影响，产生难以解决的情况。

本案例中，虽是将屋顶面做平后再进行后期加工，但因为有高度的限制，将北侧的一部分切掉成了斜线，形成的结构是平屋顶的一边被削掉，倾斜的壁面与屋顶露台的地梁相交。为了有效支撑住此部位，不用支柱，而是采用斜撑，对下层设计的影响控制在最小（图1、图2）。　　　　　　　　　　　【田井干夫】

图1 利用斜撑支撑屋顶　　剖面图【S=1：80】

因为采用斜撑，可以不使用支柱。有效支撑了倾斜壁面与上面的露台。

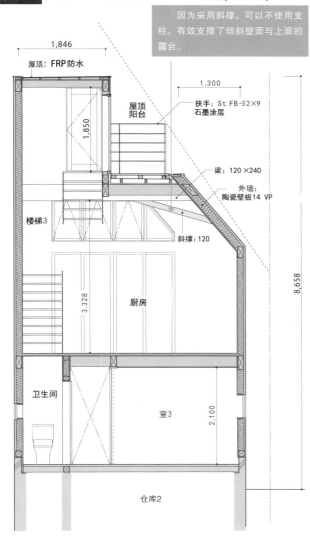

屋顶：FRP防水
1,846
1,300
屋顶阳台
扶手：St FB-32×9
石墨涂层
1,850
梁：120×240
外墙：陶瓷壁板14 VP
楼梯3
斜撑：120
3,328
厨房
8,658
卫生间
室3
2,100
仓库2

从内墙上架构出的斜撑，是形成此空间不可缺少的必要条件。因此为了呈现这个特征，不如将其就这样显露在外。

图2 最大限度地保证屋顶平台面积

屋顶俯视图【S=1：120】

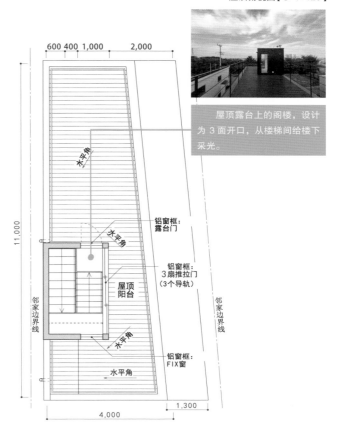

屋顶露台上的阁楼，设计为3面开口，从楼梯间给楼下采光。

600 400 1,000　　2,000
水平角
11,000
铝窗框：露台门
水平角
邻家边界线
铝窗框：3扇推拉门（3个导轨）
屋顶阳台
邻家边界线
水平角
铝窗框：FIX窗
水平角
4,000
1,300

在都市区，一般北侧为单坡屋顶＋阁楼的形式，这是为了做出符合周边环境的屋顶，好似将四角形空间的一部分切掉后形成的多边形。

利用小坡度的单坡屋顶造型 追求合理性

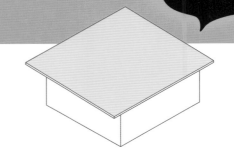

利用有利的坡度，轻松打造雨棚！

　　低成本造出的小型住宅，要将屋顶形状及内部构造完美结合。本案例中，是将小型住宅，搭建出一板式的小坡度单坡屋顶，形成一个简易构造。考虑雨棚，坡度为1:0.5（图1、图2）。

　　在内部，阁楼梁和椽子相嵌部位间距统一为120mm的平坦格子状架构，使天花板面看上去很轻盈（图3、图4）。隔断墙不与天花板相接，从各个房间都可以看到连续的构造，在视觉上拓宽了空间（图5）。　　　　　　　　　　【伊藤宽】

图1　在平房上搭建单坡屋顶　　剖面图【S=1:60】

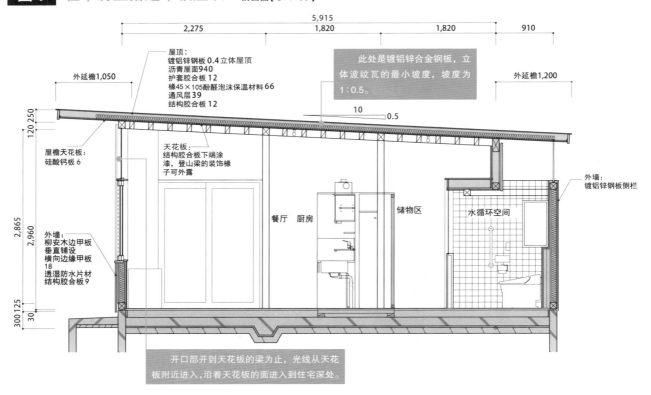

屋顶：
镀铝锌钢板0.4立体屋顶
沥青屋面板940
护套胶合板12
椽45×105酚醛泡沫保温材料66
通风层39
结构胶合板12

此处是镀铝锌合金钢板，立体波纹瓦的最小坡度，坡度为1:0.5。

10
0.5

外延檐1,050

外延檐1,200

屋檐天花板：
硅酸钙板6

天花板：
结构胶合板下端涂漆，登山梁的装饰椽子可外露

外墙：
镀铝锌钢板侧栏

外墙：
柳安木边甲板
垂直铺设
横向边缘甲板18
透湿防水片材
结构胶合板9

餐厅　厨房

储物区

水循环空间

开口部开到天花板的梁为止，光线从天花板附近进入，沿着天花板的面进入到住宅深处。

图2　开口部的结点　　详图【S=1:20】

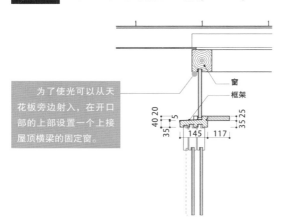

为了使光可以从天花板旁边射入，在开口部的上部设置一个上接屋顶横梁的固定窗。

窗
框架

外观。因为四周无其他建筑物，所以需要全方位的美丽外观。屋檐深浅不一，使其有了轻盈的感觉。外墙用柏树材质的实木板竖着贴付，但不贴到屋檐横梁上端，留少许空隙，从视觉上区分出基础结构与装修后的部分。

图3　打造宽窄不一的屋檐和檐边　屋顶俯视图【S=1:100】

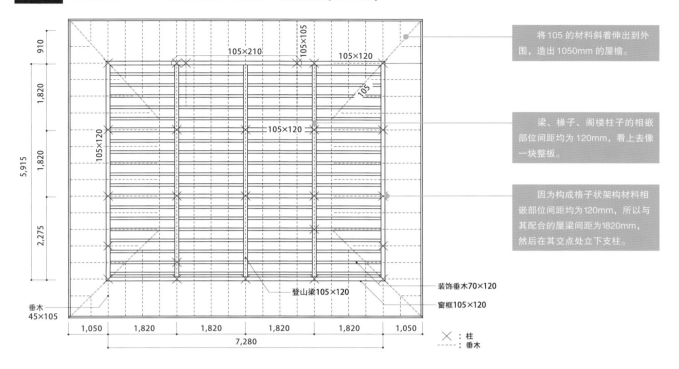

将105的材料斜着伸出到外围，造出1050mm的屋檐。

梁、椽子、阁楼柱子的相嵌部位间距均为120mm，看上去像一块整板。

因为构成格子状架构材料相嵌部位间距均为120mm，所以与其配合的屋梁间距为1820mm，然后在其交点处立下支柱。

105×210　105×105　105×120

105×120

105×120

装饰垂木70×120

窗框105×120

登山梁105×120

垂木45×105

910　1,820　1,820　2,275

5,915

1,050　1,820　1,820　1,820　1,820　1,050

7,280

✕：柱
┈┈：垂木

图4　屋顶将屋内与屋外缓缓相交　平面图【S=1:200】

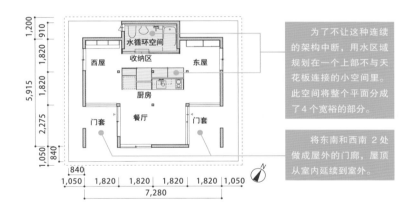

水循环空间
收纳区
西屋　东屋
厨房
门套　门套
餐厅

1,200　910　1,820　1,820　2,275　1,050　840

5,915

840
1,050　1,820　1,820　1,820　1,820　1,050

7,280

N

为了不让这种连续的架构中断，用水区域规划在一个上部不与天花板连接的小空间里。此空间将整个平面分成了4个宽裕的部分。

将东南和西南2处做成屋外的门廊，屋顶从室内延续到室外。

上图：从寝室看客厅。天花板附近除了柱子以外，没有其他遮挡视线之物，可感受到架构的连续性。外露部位则采用色调比梁和椽子较浅的喷漆底板，更加突出了架构存在感。

下图：从门廊看客厅。客厅与门廊处于同一屋顶下，空间连续，浑然一体。

图5　外露的架构，节点处看不到金属件

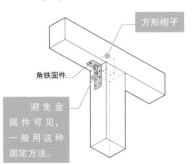

✕　节点处可见金属结构件

方形楔子

角铁固件

避免金属件可见，一般用这种固定方法。

一般的固定方法会导致金属件可见，不适用于像本案例这种屋顶架构外露的场合。

〇　在长榫头上插入连接销，无需使用金属器件即可固定。

长榫头

不使用任何金属就能固定柱子，因此可以放心把屋顶架构展示在外。

超大坡度高差的坡屋顶

利用陡坡屋顶，实现最大空间！

在遍布各种坡屋顶的都市里，要在屋顶上下足功夫。本案例中，在限制最高檐高的基础上，沿着北侧斜线，打造高差约11寸的坡度的单坡屋顶，确保了最大容量（图1）。受斜线的影响，最顶层地板附近会产生一个非标准空间，因为采光不受邻近房屋的影响，所以索性将这个空间定为客厅（图2）。

虽是小开口建筑，但由于门框架结构 ※ 的连续性，省略了长边方向的墙，做出了空间的宽敞感（图3）。　　　　　　　　　　　　　　　【奥野公章】

图1 利用陡坡线屋顶获得空间

剖面图【 S=1：50 】

由于陡坡屋顶的顶点难以通过预制材实现，所以是由手工加工完成的。另外，因为这种屋顶装修困难的问题，天花板顶部的内角做成了 R 形。

天花板：
加强石膏板
12之上、AEP

屋顶：
彩色沥青屋面940
防水胶合板12
通风层20
透湿防水片
酚醛泡沫50
结构胶合板12

伸展台

2,638.5

216

216

二楼天花板高2,200

厨房

▼最高檐高

$\frac{10}{11}$

通常在架设斜梁时，梁的顶部就定义为檐。本案例中，因为在图示位置安装了小屋梁，所以定义方法与日式阁楼相同，将小屋梁安装位置定为最高檐高。

檐沟

与高差 12.5 寸坡度的北侧坡屋顶相比，考虑天窗的厚度，坡度高差定为 11 寸。通常，坡度高差超过 6 寸时，需要使用屋顶脚手架，由于临时准备成本较高，所以建议预先就把它加入预算中。

右图：虽然大坡度的单坡屋顶的立面是非对称形的，难以取得平衡感，但有了超大开口的装饰后，就取得了平衡。

左图：从客厅看工作间、内厅。因为光线从三角形的天窗射入，所以内厅虽狭小却十分明亮。

图2 上方打造出舒适空间

剖面图【 S＝1：250 】

房屋出入口在二楼。由于一楼、二楼四周有护墙及邻家环绕的缘故，所以顺势将顶层作为客厅，打造出一个舒适的空间。

架设"猫道"（钢踏台），抑制水平变形。

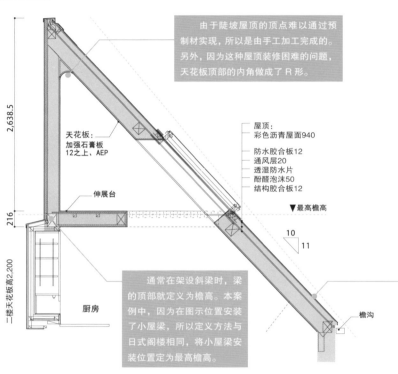

伸展台
客厅
工作区
内阳台

卫浴
主卧室
阳台

玄关
西式卧室
露台

1,800
216
216
2,200
250
2,130
250
2,074
296
50

7,735　2,275

图3 利用门形的架构，取消长边方向的墙

平面图【 S＝1：150 】

储物
厨房
工作区
内阳台
客厅

N

1,820
910
910
910
3,640

910 1,820 910 910 910 910 1,365
2,730　　　　5,005
7,735

为了抵抗短边方向作用的水平力，使用的是 120mm×150mm 和 120mm×180mm 的柱子。

※ 柱子与梁的拼装时不使用黏合剂，可以抵抗水平应力。

【白金之家】（设计：奥野公章建筑设计室 / 图片：牛尾干太）

利用逆坡斜坡屋顶的
小阁楼采光

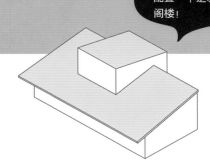

在单坡屋顶的主屋上，配置一个逆坡的小单坡阁楼！

在规划大型平屋时，设计成山形屋檐是自然又美观的。但是选择这种形状的话，室内中央及北侧易变暗，很难做到整个空间都能采光。

本案例中，在单坡屋顶的大斜屋顶的中央部，配置一个逆坡的小单坡阁楼（图1）。为了使光线照入整个室内，每个屋体均设计了一个高窗采光。单坡屋顶的非对称性与大屋顶上的瞭望台使屋顶产生了戏剧性变化。外观上，这种屋顶设计在空旷地带非常合适（图2、图3）。　　　　　　　　　　【饭塚丰】

图1　在逆坡斜屋顶的小阁楼上设计高窗采光

剖面图【 S＝1：120 】

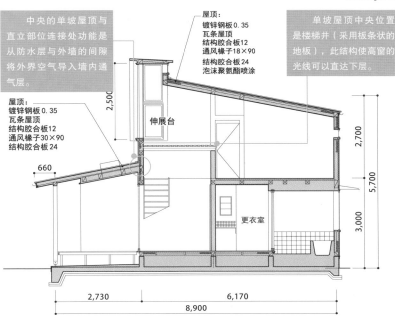

中央的单坡屋顶与直立部位连接处功能是从防水层与外墙的间隙将外界空气导入墙内通气层。

屋顶：
镀锌钢板 0.35
瓦条屋顶
结构胶合板 12
通风椽子 18×90
结构胶合板 24
泡沫聚氨酯喷涂

单坡屋顶中央位置是楼梯井（采用板条状的地板），此结构使高窗的光线可以直达下层。

屋顶：
镀锌钢板 0.35
瓦条屋顶
结构胶合板 12
通风椽子 30×90
结构胶合板 24

伸展台

更衣室

660
2,730　　6,170
8,900

2,500
2,700
5,700
3,000

图2　楼梯井下设大厅

平面图【 S=1：400 】

储物　和室　浴室
更衣室
玄关　大厅　厨房
客厅
餐厅
和室　中庭

8,900
13,650

通过楼梯井将光线导入下层的大厅。

外观。主屋体与插入的逆坡小阁楼，虽都是采用镀铝锌合金钢板制的金属屋顶，但还是可以通过颜色变化体现房屋主立面的立体感。

图3　统一上下层的柱子，合理支撑荷载

屋顶构造图【 S=1：200 】

120×240
顶端端度

垂木38×140
@227.5
120×240顶端坡度

垂木38×140
@227.5
登山梁120×150

8,900
13,650

在大屋顶上配置的中央小阁楼，将其上、下层的凸角与内角的主要位置用柱子进行统一衔接，消化了垂直方向的荷重。

从大厅看客厅、餐厅。光线从板条状的猫道的间隙处射入。以细密间距分布在客厅里的椽子，看起来像百叶窗，它们之间的连接点一概不采用金属件。

天花板高度
随着屋顶高度变化

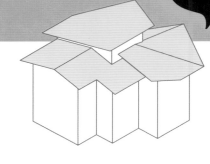

每个空间都有合适的天花板高度！

在复杂的平面上架设屋顶时，最好采用数个分开的节点。

本案例中，考虑到窗外观景及南侧采光的问题，将五角形餐厅作为中心而进行的设计。在五角形的空间上架设单坡屋顶的斜顶，数个屋顶的斜线互相重叠，紧凑在其周围。且每个房间的天花板的高度根据各自的斜屋顶而定，完成后的形状震撼人心（图1、图2）。　　　　　　　　　　　　　　【熊泽安子】

图1 　根据屋顶定制的斜天花板　　A-A 剖面图 I B-B 剖面图【S=1:100】

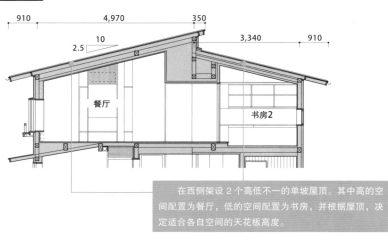

910　　4,970　　350
10
2.5
3,340　　910

餐厅

书房2

在西侧架设 2 个高低不一的单坡屋顶。其中高的空间配置为餐厅，低的空间配置为书房，并根据屋顶，决定适合各自空间的天花板高度。

5,580
10
2.5

客厅

书房1

东侧的空间上架设人字形屋顶，在有坡度的斜天花板下，打造出稳定的客厅。

上图：西侧外观。图右侧的高屋顶是架设在餐厅上的五角形单坡屋顶。

下图：从客厅看餐厅。前面的客厅采用人字形屋顶，里面的餐厅采用单坡屋顶，并根据屋顶形状定制了斜天花板。配合高低屋顶，地板也设计了高度差，不经意地让人察觉到空间境界的变化。

图2 　以五角形为中心的复杂设计　　二楼平面图 I 屋顶俯视图【S=1:250】

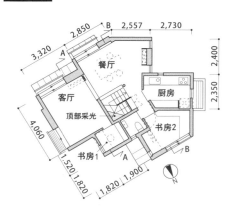

2,850　　B 2,557　　2,730
3,320　　A
2,400
餐厅
2,350
客厅
厨房
4,060
顶部采光
书房2
书房1
A
1,520 1,820　　B
1,820 1,900
N

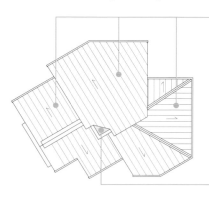

南北是 2 个五角形屋顶，与其呼应，东面是人字形屋顶。

在建筑中心的楼梯间里设置天窗，使每个房间都能感受到晨曦日暮的更迭。

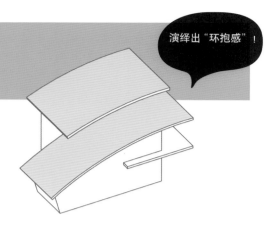

利用缓弧
带来安心感的拱门状屋顶

　　屋顶和外墙加入了曲面的元素，外观上给人一种柔和的印象并给人带来安心感。
　　本案例是在郊外住宅地的一角，建设三面临路的建筑。像这种易进入他人视野的建筑，怎样确保隐私成为难题。同时也没有足够大面积，不让其后移远离道路。因此设计了缓弧状的大屋顶，保护居住者生活隐私的同时，让人体会到被环抱的安心感（图1）。室内的天花板在采用与屋顶一样的曲面，使内部也延续了外观上带来的安心感（图2）。　　　　　　　　　　　　　　　　　　　　　　　　　【藤原昭夫】

图1　调节椽木，制作曲面　阁楼构造图【S=1:200】

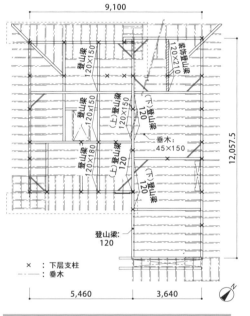

略带坡度的登山梁沿着横梁的方向架设。其间插入 2 根 45mm×150mm 的垂木。登山梁与垂木交相嵌入，并通过调整它们之间的嵌入深度形成屋顶弧度。

一楼客厅。天花板贴美国松窄木板（12mm × 40mm），且天花板与墙壁的汇交处顶部设有天窗。

拱形屋顶的架构

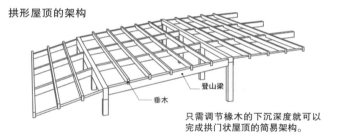

只需调节椽木的下沉深度就可以完成拱门状屋顶的简易架构。

图2　拱门状的大屋顶　剖面图【S=1:120】

由于底板和通气椽木都能充分地适应缓和的曲面，所以施工时不需要特别的技术。

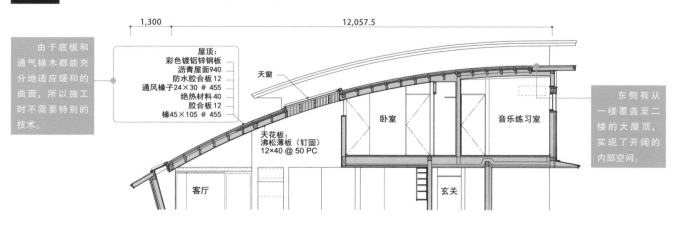

东侧有从一楼覆盖至二楼的大屋顶，实现了开阔的内部空间。

屋顶：
彩色镀铝锌钢板
沥青屋面940
防水胶合板12
通风椽子24×30 @ 455
绝热材料40
胶合板12
椽45×105 @ 455

天花板：
沸松薄板（钉固）
12×40 @ 50 PC

带有中庭的屋顶斜坡 朝外更合理

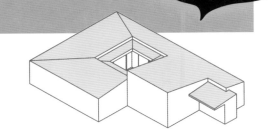

在带有天井的住宅里，为了不让里院的存在给内部造成压迫感，应该将里院边的屋檐压低。有些方法是将屋顶坡面往里院倾斜，在屋顶面上做好排水槽，但是不利于防雨。在本案例中，虽然采取的是屋顶坡度往外，但是被围成口字形的里院里设有小的侧屋，再将侧屋屋檐前段做低，从而使里院显现出极佳的存在感（图1~图4）。另外，不把屋顶划分成数个，一个整体相连的螺状屋顶提高了防水性能。

【本间至】

图1 侧屋处控制住里院的屋檐高度 屋顶俯视图【S＝1：180】

面向里院有4个面，其中向着客厅、餐厅的部分将侧屋屋檐做出1m左右，构造出屋檐下的空间。为了支撑这个屋檐，立了2根钢柱。

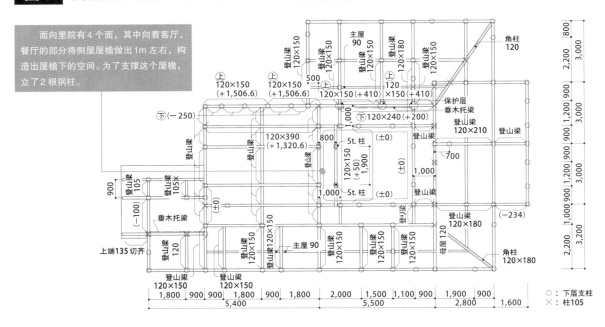

○：下层支柱
×：柱105

图2 将一整个屋顶转成螺状 一楼平面图【S＝1：300】 屋顶构造图【S＝1：300】

以里院为中心的口字形方案。随单坡顶的坡度被拉高天花板的客厅、餐厅处，东侧墙面设计了高窗，能够充分地采光。

通过将一整个屋顶转成螺状进行架设，把接缝控制到最低限度，使其成为对防雨有利的屋顶。另外，因为采用坡度向外的做法，所以檩条呈山字形而不为谷字形。

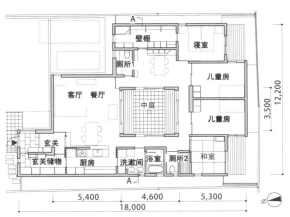

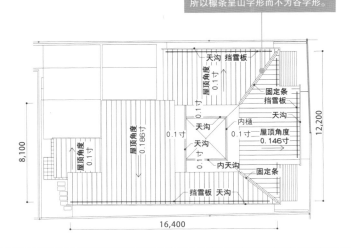

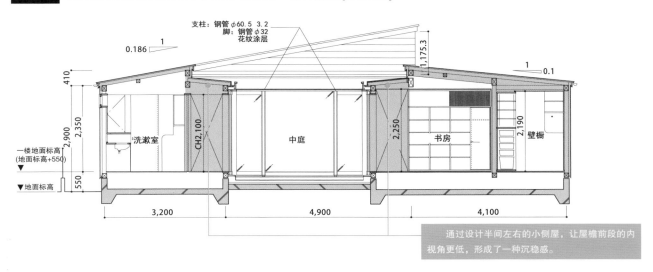

图3 从侧屋位置减轻院子的压迫感　A-A 剖面图【S=1：100】

支柱：钢管 φ60.5 3.2
脚：钢管 φ32
花纹涂层

0.186 ┃ 1
1,175.3
1 ┃ 0.1

410
2,350
2,900
550

一楼地面标高
(地面标高+550)
▼ 地面标高

洗漱室　CH2,100　中庭　2,250　书房　2,190　壁橱

3,200　　4,900　　4,100

> 通过设计半间左右的小侧屋，让屋檐前段的内视角更低，形成了一种沉稳感。

图4 侧屋和外墙的节点　屋檐边缘剖面详图【S=1：60】

支撑侧屋屋檐的钢柱涂装成和屋顶、外墙一样的颜色。

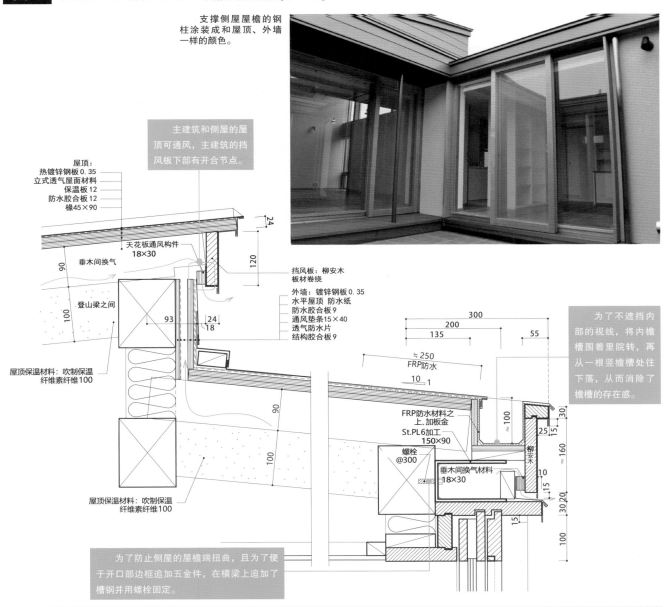

> 主建筑和侧屋的屋顶可通风，主建筑的挡风板下部有开合节点。

屋顶：
热镀锌钢板 0.35
立式透气屋面材料
保温板 12
防水胶合板 12
椽 45×90

天花板通风构件
18×30

24
120

挡风板：柳安木板材卷绕

外墙：镀锌钢板 0.35
水平屋顶 防水纸
防水胶合板 9
通风垫条 15×40
透气防水片
结构胶合板 9

90
垂木间换气
100
登山梁之间

93　24
18

屋顶保温材料：吹制保温纤维素纤维100

300
200
135
55

≒250
FRP防水

10 ┃ 1

FRP防水材料之上，加板金
St.PL6加工
150×90

螺栓
@300

垂木间换气材料
18×30

柳安木

100
25 15 15
30
≒160
10
15
30 20
100
15

屋顶保温材料：吹制保温纤维素纤维100

> 为了不遮挡内部的视线，将内檐槽围着里院转，再从一根竖檐槽处往下落，从而消除了檐槽的存在感。

> 为了防止侧屋的屋檐端扭曲，且为了便于开口部边框追加五金件，在横梁上追加了槽钢并用螺栓固定。

通过〈形的
立体单坡屋顶改善采光

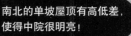

南北的单坡屋顶有高低差，使得中院很明亮！

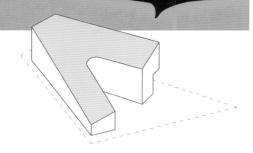

　　本案例中，该栋带天井的住宅是位于连接两面街道的三角形宅基地上建设的，东边的中院包了起来，形成〈形。为了中院和北边的起居室能够照到阳光，北面多用了一个单坡屋顶的屋顶构架形成南北的高低差。为了使最南端最低，单坡屋顶东西以0.5寸倾斜，南北以4寸倾斜，尽量使北侧也照到阳光（图1、图2）。
　　屋顶的完工阶段用镀铝锌合金钢板，对于房顶构架来说并不是平行的，要考虑水的倾斜和雨停时垂直相交的方向（图3）。　　　　　　　　　　　　　　【冈村裕次】

图1　房顶构架要尽量简单　　屋顶构架图【S=1:200】

朝X轴Y轴两个方向倾斜，很难实现预制，房顶都要现场手工切割。

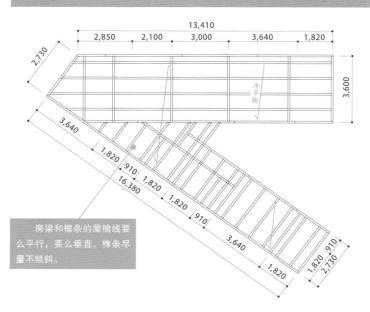

2,850　2,100　3,000　3,640　1,820
13,410
2,730
3,600
水平角
3,640
16,380
1,820
910
1,820
1,820
910
3,640
1,820
910
2,730

房梁和檩条的屋檐线要么平行，要么垂直。椽条尽量不倾斜。

上图：外观。屋檐、外墙都用镀铝锌合金钢板，不设置屋檐。

下图：从一楼卧室上方的二楼兴趣活动室能看到楼下的风景。屋檐倾斜的变化和充分使用高空间，把一楼、二楼连接成一个整体。

图2　北边的起居室能够采光　　A-A' 剖面图【S=1:150】

南侧比北侧低，阳光能照进中院和北侧的室内。

外墙：镀锌钢板0.35
平屋顶
结构胶合板9
通风垫条18
透湿防水片
火山玻璃多层板12
（Seam气密胶覆层）

屋顶：镀锌钢板
0.35平屋顶
黏合型改性橡胶防
灰胶合板12
通风椽子45 @450
挤塑聚苯乙烯
Form·B型30
透湿防水片
结构胶合板12

4 / 10

4 / 10

儿童房

3,978
390
2,300
475
7,143

和室

甲板（中庭）

客厅

内部空间顺应屋顶，可以体会天花板高度变化。

图3　通过中院实现环形　　平面图【S=1:400】

三角形的地基充分按照〈字形设计。

13,410
16,380

卧室
厨房　餐厅
客厅
门套
玄关
停车区
茶水间
洗漱室
浴室
阳台
和室
N

中院以〈形连接，设计成环形。

嬉野的住宅（设计：TKO-M.architects/ 摄影：谷川 HIROSHI ）

用分离式屋顶
降低别墅的屋檐高度

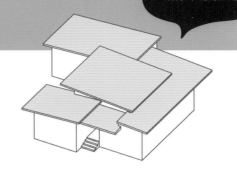

一般来说，别墅如果高度过高，在外面看起来会令人心理产生一种压迫感。想调整平房或别墅的屋顶高度还是很容易的，不过下雨的时候想要使雨水快速从屋檐上流走，就要使屋顶尽可能增加坡度。以这个案例来说，通过建造几块高度不同的多个坡面的屋顶解决了问题。根据平面设计图，中央起居室这一部分的屋顶是最高的，每一面都遮盖住周围房间的屋顶。如此一来，其他各屋顶的檐端高度都可以尽量地降低，这样就可以使道路旁的行人或者邻居不会产生太强烈的压迫感。【本间至】

图1　建造不同高度的屋顶　屋顶构架图【S=1:200】平面图【S=1:250】

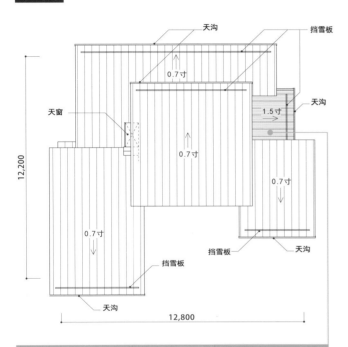

建造出五个高度不同的单向坡面屋顶。建造在大门门廊位置的屋顶是最低的，坡度很和缓，高差只有1.5寸。其他的屋顶坡度高差全部统一为0.7寸。

东面外观。建造多个屋顶之后，虽然坐落在这里的是一座很宽阔的别墅，但是与周围环境相宜，并没有给人以强烈的压迫感。

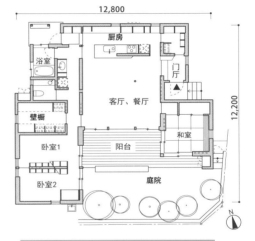

起居室、寝室、日式房间都是通过木质平台和庭院连接在一起，且共用一个天花板。

图2　面向庭院的天花板与屋顶平行　剖面图【S=1:150】

起居室的屋顶南侧最高，屋顶下面是带有坡度的天花板，显得空间扩大了。

从起居室看庭院，上侧也设置了足够宽的开口（竖联窗），南面也可以得到很好的采光。

通过日式阁楼的配合
以降低檐高

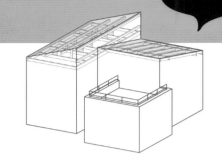

高的一方是日式阁楼！
低的一方是登山梁！

本案例从建筑用地的高低差和设计主旨出发，决定采用平屋顶和2片坡屋顶的组合形式。

一方面东侧的单坡屋顶作为登山梁加倾斜面天花板的开放空间，一方面拥有最高点的西侧的单坡屋顶作为梁架外露的日式阁楼。

地盘面倾斜，这个地域根据建筑协定规则，对檐高有很严厉的限制。比南侧低了2m的北侧停车场上面建造建筑物的话会导致地盘面下降。在西侧搭建单坡屋顶的日式阁楼能充分降低檐高※。 【向山博】

图1 活用高低差建造明亮的客厅 一楼平面图（左）二楼平面图（右）【S=1:250】

为确保南侧庭院的宽敞，停车场设置在比南侧低2m的北侧，其上部是一个有单坡屋顶的生活空间，这样设计是为了兼顾两者的采光。

图2 3种类型的屋顶 屋顶俯视图【S=1:150】

东侧上升梁，西侧日式小屋的单坡屋顶。卧室上部的晾台成为平屋顶，全部高度不相同。

平屋顶的部分作为阳台向南侧凸出，能看到富士山和海。

上图：建筑物外观。照片右侧（东侧）可见的单坡屋顶最高。通过建造日式阁楼降低了檐高。

下图：从二楼走廊视角看餐厅、客厅。正好在登山梁和日式阁楼的边界部分。

※ 通常，单坡屋顶"最高檐高"是高的一侧的屋檐的高度，如果屋顶用阁楼组成，支撑那个阁楼的墙和横梁的上端就成为了所谓的最高檐高。

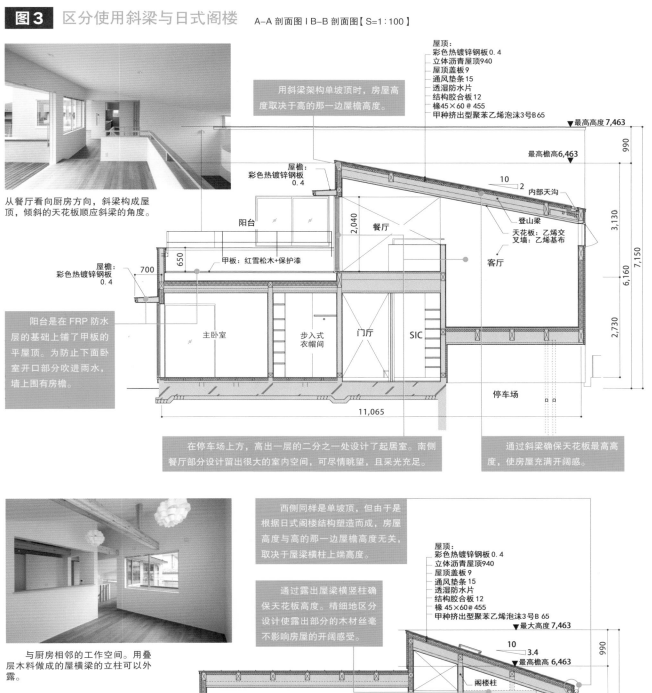

图3 区分使用斜梁与日式阁楼　　A–A 剖面图 I B–B 剖面图【S=1：100】

从餐厅看向厨房方向，斜梁构成屋顶，倾斜的天花板顺应斜梁的角度。

用斜梁架构单坡顶时，房屋高度取决于高的那一边屋檐高度。

屋顶：
彩色热镀锌钢板 0.4
立体沥青屋顶940
屋顶盖板9
通风垫条15
透湿防水片
结构胶合板12
椽45×60 @ 455
甲种挤出型聚苯乙烯泡沫3号B65

▼最高高度7,463

最高檐高6,463

10
2　内部天沟

登山梁

天花板：乙烯交叉墙 乙烯基布

客厅

屋檐：
彩色热镀锌钢板
0.4

阳台

餐厅

2,040

990

3,130

7,150

6,160

2,730

屋檐：
彩色热镀锌钢板
0.4

700

650

甲板：红雪松木+保护漆

主卧室

步入式衣帽间

门厅

SIC

阳台是在 FRP 防水层的基础上铺了甲板的平屋顶。为防止下面卧室开口部分吹进雨水，墙上围有房檐。

停车场

11,065

在停车场上方，高出一层的二分之一处设计了起居室。南侧餐厅部分设计留出很大的室内空间，可尽情眺望，且采光充足。

通过斜梁确保天花板最高高度，使房屋充满开阔感。

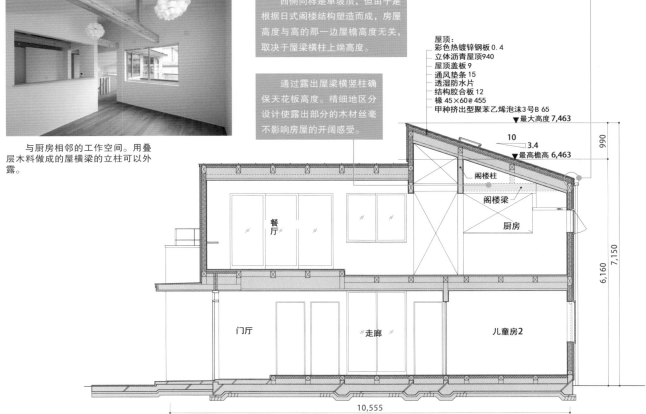

与厨房相邻的工作空间。用叠层木料做成的屋横梁的立柱可以外露。

西侧同样是单坡顶，但由于是根据日式阁楼结构塑造而成，房屋高度与高的那一边屋檐高度无关，取决于屋梁横柱上端高度。

通过露出屋梁横竖柱确保天花板高度。精细地区分设计使露出部分的木材丝毫不影响房屋的开阔感受。

屋顶：
彩色热镀锌钢板 0.4
立体沥青屋顶940
屋顶盖板9
通风垫条15
透湿防水片
结构胶合板12
椽45×60@455
甲种挤出型聚苯乙烯泡沫3号B65

▼最大高度7,463

10
3.4

最高檐高 6,463

阁楼柱

阁楼梁

厨房

餐厅

门厅

走廊

儿童房2

990

7,150

6,160

10,555

平面无接缝
不落雪的屋顶

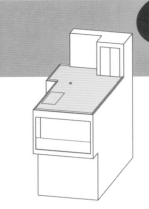

防水层进行一体化
设计防止漏水！

在大雪地带的城市普及槽道式无落雪屋顶[1]，屋顶排水槽被落叶等位置堵塞的情况下，可能会从墙面等位置漏水，还会容易越漏越厉害[2]。

本案例将屋顶脊梁很好地结合，做成无接缝的平屋顶，并追加底部的防水层（图1）。除下雨天有利排水，阁楼里面也没有必要设立排雪槽了。它的优点在于缩小了屋顶总尺寸。　　　　　　　　　　　　　　　　【赤坂真一郎】

图1　排水管通过配管防止冻结　二楼平面图 屋顶俯视图【 S=1：200 】

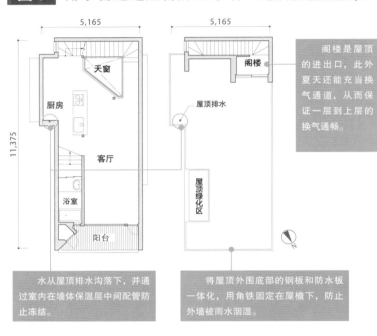

阁楼是屋顶的进出口，此外夏天还能充当换气通道，从而保证一层到上层的换气通畅。

水从屋顶排水沟落下，并通过室内在墙体保温层中间配管防止冻结。

将屋顶外围底部的钢板和防水板一体化，用角铁固定在屋檐下，防止外墙被雨水洇湿。

因为和邻家道路挨的很近，所以没有足够堆雪的空间，就选择了平坦无落雪的屋顶。

雪道

槽式的无落雪屋顶，外观看起来像平屋顶，中间是蝶形的屋顶。雪槽道做成斜面以利于排水。

图2　便于维护的平屋顶　剖面图【 S=1：120 】

由于是平屋顶，屋顶的日常检查 绿化场所的维护将会很简单。

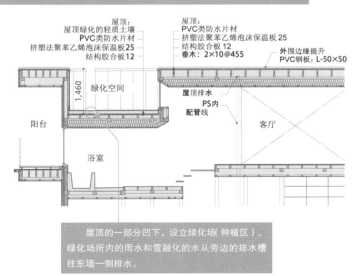

屋顶：
屋顶绿化的轻质土壤
PVC类防水片材
挤塑法聚苯乙烯泡沫保温板25
结构胶合板12

屋顶：
PVC类防水片材
挤塑法聚苯乙烯泡沫保温板25
结构胶合板12
垂木：2×10@455

外围边缘提升
PVC钢板：L-50×50

绿化空间

1,460

阳台

浴室

屋顶排水

PS内
配管线

客厅

屋顶的一部分凹下，设立绿化场（种植区）。绿化场所内的雨水和雪融化的水从旁边的排水槽往东墙一侧排水。

隔热窗和绿化区相连，客厅上方是排水槽，置身这个空间如同在鱼缸中的感觉一样使人很舒适。干燥的雪被风吹散，不会堆积过多。

※1 在大雪地带的都市区，无法建造屋顶积雪空间的建筑通常采用这种屋顶。外围凸起，内侧蝶形屋顶，中央设置排水槽
※2 屋顶积雪融化时，堆积的水会产生水压和毛细管渗透现象，通过屋顶内侧防水层防止漏水现象。

那野的家（赤坂真一郎工作室 / 摄影：灰色摄影工作室 酒井广司 ）

使用透明平屋顶
可以获得全方位采光

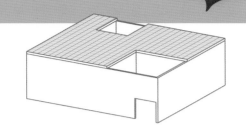

用 FRP 折板建造屋顶！

在令人舒畅的空间里，必不可少的是充分的采光。在目前的情况下，邻家住宅建筑遮蔽阳光、或有空地不足这种情况时，我想努力设计一种采光方法。

这次的例子适用于刚被规划了的旗杆形宅基地（十分狭窄且形状怪异的宅基地）。将来这个住宅可能被周围的新建筑包围，不知会出现怎样的影响。为此，我们决定采用透光的 FRP 折板的平屋顶，确保获得全方位的采光。

为了确保透明屋顶的平屋顶的水平刚性，选择用火打梁而不用构造用的建筑胶合（图1）。　　　　　　　　　　　　　　　　　　　　　　【佐藤森】

图1　用火打梁取得水平刚性
阁楼俯视图【 S=1：150 】

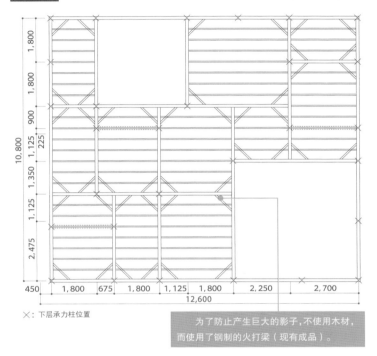

×：下层承力柱位置

为了防止产生巨大的影子，不使用木材，而使用了钢制的火打梁（现有成品）。

图2　用 FRP 折板建造屋顶
屋顶俯视图【 S：400 】

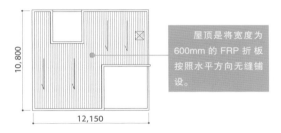

屋顶是将宽度为 600mm 的 FRP 折板按照水平方向无缝铺设。

图3　开辟空间单元作为居住场所
平面图【 S=1：400 】

浴室　厕所　暖炉　卧室
儿童房1　入口
厨房
儿童房2

屋顶作为公共空间，下面开辟单元空间，使之成为家人各自的居住空间，且不会损害屋顶的整体平面。

图4　顶棚覆盖了养护膜层使光更柔和
剖面图【 S：100 】

剖面图【 S＝1：100 】

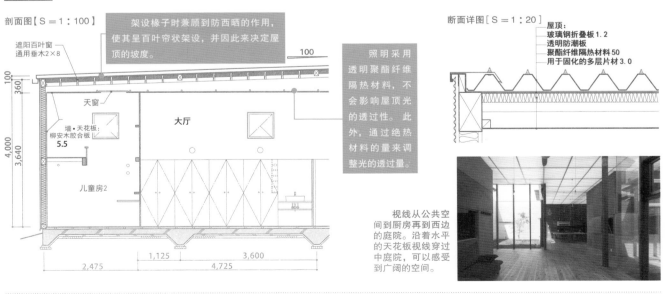

架设椽子时兼顾到防西晒的作用，使其呈百叶帘状架设，并因此来决定屋顶的坡度。

遮阳百叶窗
通用垂木2×8
天窗
墙·天花板：柳安木胶合板 5.5
大厅
儿童房2

照明采用透明聚酯纤维隔热材料，不会影响屋顶光的透过性。此外，通过绝热材料的量来调整光的透过量。

断面详图［ S＝1：20 ］

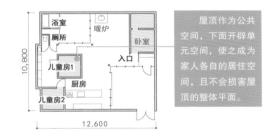

屋顶：
玻璃钢折叠板1.2
透明防潮板
聚酯纤维隔热材料50
用于固化的多层片材3.0

视线从公共空间到厨房再到西边的庭院。沿着水平的天花板视线穿过中庭院，可以感受到广阔的空间。

第 3 章

方形四坡屋顶

正方形的建筑适合方形屋顶。

屋檐的四边统一在等高水平线上，给人一种整齐且时尚的印象。

采用方形四坡屋顶能够给建筑带来个性的内部视图与外部观感。

本章就以这类风格的屋顶为中心，进行相关设计案例的讲述。

方形四坡屋顶的基础设计

图1 方形屋顶的特征

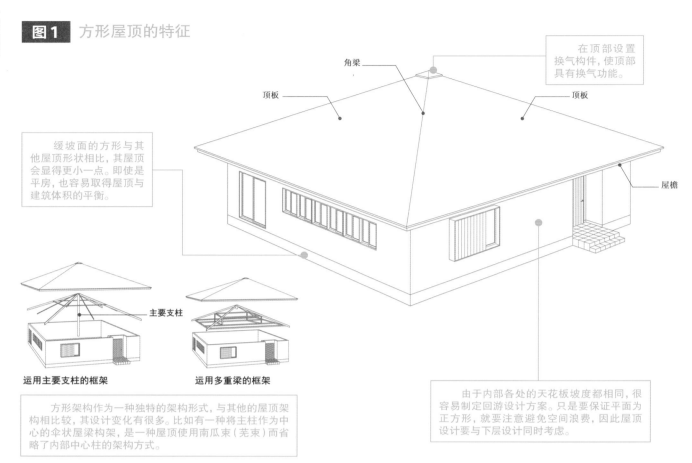

在顶部设置换气构件，使顶部具有换气功能。

角梁

顶板

顶板

屋檐

缓坡面的方形与其他屋顶形状相比，其屋顶会显得更小一点。即使是平房，也容易取得屋顶与建筑体积的平衡。

主要支柱

运用主要支柱的框架

运用多重梁的框架

方形架构作为一种独特的架构形式，与其他的屋顶架构相比较，其设计变化有很多。比如有一种将主柱作为中心的伞状屋梁架构，是一种屋顶使用南瓜束（芜束）而省略了内部中心柱的架构方式。

由于内部各处的天花板坡度都相同，很容易制定回游设计方案。只是要保证平面为正方形，就要注意避免空间浪费，因此屋顶设计要与下层设计同时考虑。

斜梁的配置将会很复杂，但有利于满足道路斜角的要求。

"方形"是一种四个边长度相等的正四角锥状的屋顶称呼，是单纯明快的形状。但在屋顶面要产生四个斜梁，这一点与双坡屋顶和单坡屋顶相比，其主体结构设计和施工将更加复杂。

特别是在屋顶的顶部，四个带有坡度的斜梁将以一定角度相互支撑，对于其设计方法是必须下功夫的。由于直接将斜梁搭设在一起很困难，通常是把南瓜束放入顶部中央以协助各个斜梁的固定。如果从室内不想看到南瓜束，可以用伞骨状的金属件包覆其外，形成朴素的视觉效果。

"寄栋"是将方形延长拉伸后的形状。和方形一样，也需要有4根斜梁。

日式屋顶安装寄栋时，斜梁是主梁不可缺少的一部分，通常把斜梁架设在主梁上，但为了支撑这个主梁，侧梁、小屋梁之类的其他梁架需要无缝配合，架构会变得很复杂。为此，为了不暴露这个复杂的四坡屋顶架构，经常在下面加设天花板，以保证室内看不到上面的梁架结构。

尽管寄栋的结构很复杂，许多住宅建设者仍然喜欢采用寄栋设计。这是因为寄栋和方形一样，是一种能将屋檐有效降低的形状，有利于应对屋顶斜角限制。人字形屋顶的坡面如果朝向北侧做坡度，还可以将一部分改为四坡屋顶的形状，以满足坡度要求。此外，多数需要特殊手工加工的斜梁现在能够从市场上买到现成的，所以对现在的工匠技术要求也不会那么高，

从而受到大量的推广和采用。

从设计的角度看，方形和寄栋的屋檐先端的4个边保持水平、屋檐天花板和外墙的节点也很整齐，是一种容易实现清爽视觉的设计方案。

此外，也有应用了寄栋元素的多边形屋顶。可以实现经典或个性的空间与外观，做这类的房屋设计时，多边形屋顶也是一个很好的选择。

【饭塚丰】

图2 四坡屋顶※1

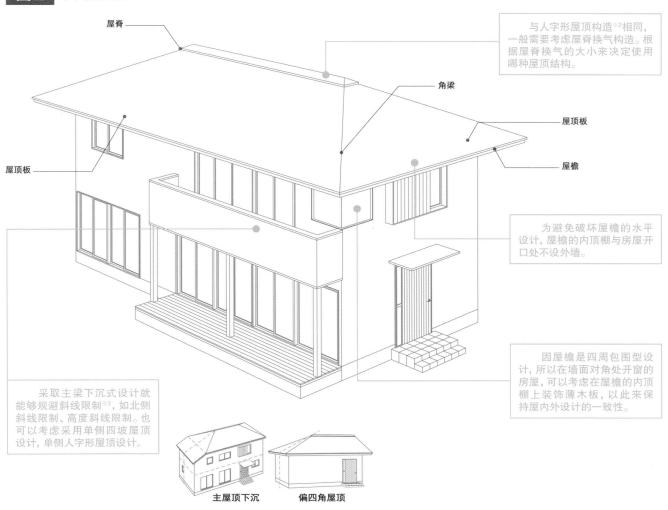

屋脊

与人字形屋顶构造※2相同，一般需要考虑屋脊换气构造。根据屋脊换气的大小来决定使用哪种屋顶结构。

角梁

屋顶板

屋檐

屋顶板

为避免破坏屋檐的水平设计，屋檐的内顶棚与房屋开口处不设外墙。

采取主梁下沉式设计就能够规避斜线限制※3，如北侧斜线限制、高度斜线限制。也可以考虑采用单侧四坡屋顶设计，单侧人字形屋顶设计。

因屋檐是四周包围型设计，所以在墙面对角处开窗的房屋，可以考虑在屋檐的内顶棚上装饰薄木板，以此来保持屋内外设计的一致性。

主屋顶下沉　　偏四角屋顶

图3 屋顶使用南瓜束的构造

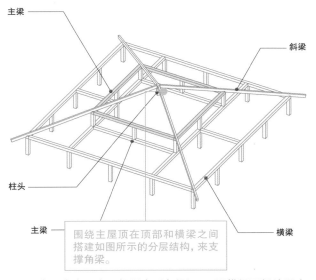

主梁

斜梁

柱头

主梁

横梁

围绕主屋顶在顶部和横梁之间搭建如图所示的分层结构，来支撑角梁。

用南瓜束来固定四根隔木（角梁）。四周横梁可抵消隔木（角梁）的相互推力，使其受力均衡，保持平稳。

图4 四坡屋顶的大梁结构

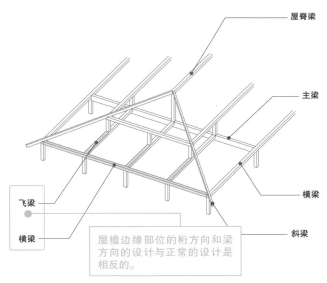

屋脊梁

主梁

横梁

飞梁

斜梁

横梁

屋檐边缘部位的桁方向和梁方向的设计与正常的设计是相反的。

人字形屋顶的边缘部分连接横梁，在屋顶的一侧与横梁形成三角形。因此以角梁为分界线，横梁方向和主梁方向与原有设计相反。

※1，根据叫法不同，也称为四阿顶、五脊顶等。
※2，中国古代称为"切妻造"。
※3，为保证旁边建筑物采光等，而设置限制规格。

不同格局的院子
所配套的方形客厅

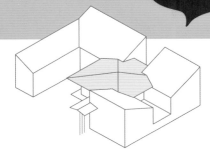

通过外露的房顶构架体现空间感！

在周围住宅很密集的地区，即使拥有很广阔的建筑备用地面积，也往往不能设计成开放的庭院。本案例是将建筑区域分成小块，与外界隔离同时形成不同格局的中庭，并造出连接整体的中心的房间，使各房间和客厅相连，将客厅的屋顶形状做成方形（图1）。露出房顶构架会令人感觉客厅宽敞，房顶构架下段配置柱子，使区域分离（图2）。　　　　　　　　　　　　　　　【岸本和彦】

图1　中心部方形客厅和各房间相连　剖面图【S=1：80】

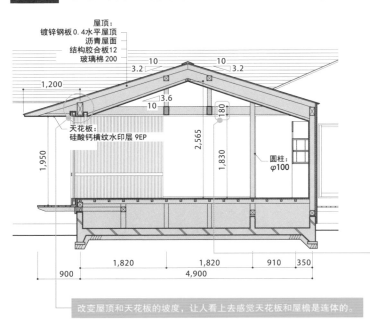

屋顶：
镀锌钢板0.4水平屋顶
沥青屋面
结构胶合板12
玻璃棉200

1,200

10　　10
3.2　　3.2

3.6
10

1,950

180

天花板：
硅酸钙横纹水印层 9EP

2,565

1,830

圆柱：
φ100

1,820　　　1,820　　910　350
900
4,900

改变屋顶和天花板的坡度，让人看上去感觉天花板和屋檐是连体的。

东侧外观。虽是分散的房间，但被方形的客厅统括连接。

如采用露出房梁的设计，要将大梁和小梁保持在同一个面，以消除材料的上下错位感，形成平面。

图2　让屋顶的形状特征更显著的构架　剖面图【S=1：200】

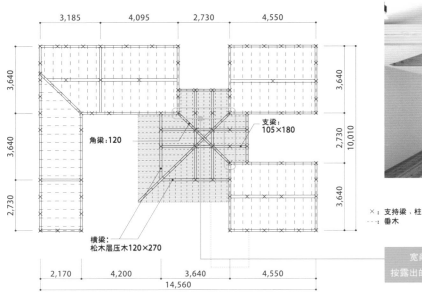

3,185　　4,095　　2,730　　4,550

3,640

3,640

3,640

2,730

角梁：120

支梁：
105×180

2,730

10,010

3,640

×：支持梁、柱
---：垂木

横梁：
松木屋压木120×270

2,170　　4,200　　3,640　　4,550
14,560

从南侧看客厅，露出的房梁凸显了方形的向心性。

宽敞的客厅和各房间相连，为了将休息处和动线分割开，按露出的房顶构架配置柱子。

岐阜的家（设计：Acaa/摄影：上田宏）

适合正方形平面的方形屋顶

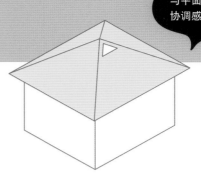

与平面配套，无不协调感的屋顶！

在正方形的平面上做屋顶时，方形是最好的选择。本案例是在长方形的院落的东西两面设置庭院和玄关、停车场等，剩下的中央部分计划做成接近正方形的建筑物，并建造方形的屋顶。

从地下室到一层设置楼梯，半地面高的地方设置起居室，和地面的庭院相连接。二层中央的楼梯间周围设置卧室和私人房间。做成方形屋顶，外观能给人沉静不复杂之感，并且可以很好地对应这种有中心性的平面。【村田淳】

图1 四个隅木通过五金与圆柱连接 屋顶俯视图【S＝1:100】

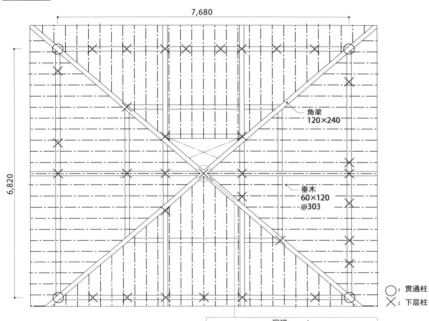

7,680

6,820

角梁
120×240

垂木
60×120
@303

○ 贯通柱
✕ 下层柱

方形屋顶中与榆木连接的节点比较复杂，这个地方需要制作伞骨形状的五金器具，将4个斜梁与圆柱（直径120mm）相连接，这样就形成了框架。

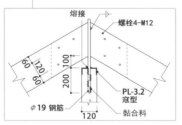

熔接

螺栓4-M12

PL-3.2 窝型

φ19 钢筋

黏合料

二楼中央的大厅。中心处竖立直径120mm的圆柱。二楼周围以这个大厅为中心设置各个房间。天花板上是像屋顶一样的斜面（6寸），这样可以让视线开阔从而显得宽敞。各个房间的窗户都做成玻璃格子。屋顶的北面设置成一个三角形的顶。

图2 适合方形的平面 一楼平面图【S＝1:200】

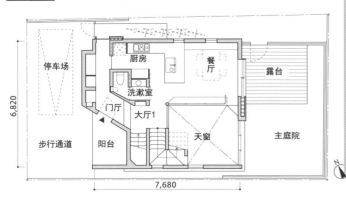

停车场

厨房

餐厅

露台

洗漱室

门厅

大厅1

主庭院

步行通道

阳台

天窗

6,820

7,680

建筑面积率为40%的条件下，西边设置了停车场，东边设置了走廊和庭院。中央的建筑部分是接近正方形的长方形空间，可以设计成储物室，确保了各个房间的眺望视线通畅和采光充分。

从一楼的餐厅到半地面的起居室，能够看到楼梯和大厅。二楼灯光的光线透过楼梯间一直到楼下。

气循环通路由带顶梁柱的方形空间构成

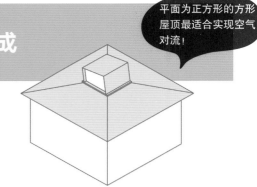

平面为正方形的方形屋顶最适合实现空气对流！

平面是正方形的方屋顶，同样面积的空间比起长方形建筑物的外墙表面积更加小，因而有助于降低成本。另外四方都是形状相同的四坡屋顶，顶部架设独立屋顶的话，会有效提升住宅整体的空气对流、换气的效果。

本案例中，是以4个房间及中心的支撑柱为设计基调，用伞架形的梁架组合形成的四方建筑（图1、图2）。平面以中心柱为中心、以田字形分区，屋顶架设了1间独立小屋顶并开设天窗，通过天窗连接了四周所有房间（图3、图4）。

【濑野和广】

图1　用1间四方的天花板将一楼和二楼连接起来　剖面图【S=1：60】

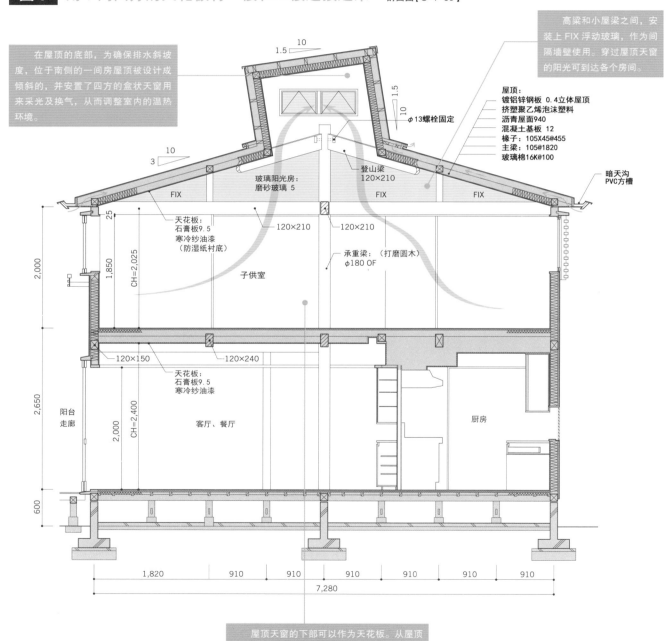

在屋顶的底部，为确保排水斜坡度，位于南侧的一间房屋顶被设计成倾斜的，并安置了四方的盒状天窗用来采光及换气，从而调整室内的温热环境。

高梁和小屋梁之间，安装上FIX浮动玻璃，作为间隔墙壁使用。穿过屋顶天窗的阳光可到达各个房间。

屋顶：
镀铝锌钢板 0.4立体屋顶
挤塑聚乙烯泡沫塑料
沥青屋面940
混凝土基板 12
椽子：105X45@455
主梁：105@1820
玻璃棉16K@100

暗天沟
PVC方槽

φ13螺栓固定

玻璃阳光房：
磨砂玻璃 5

登山梁
120×210

FIX

天花板：
石膏板9.5
寒冷纱油漆
（防湿纸衬底）

120×210

120×210

FIX

FIX

承重梁：（打磨圆木）
φ180 OF

子供室

120×150

120×240

天花板：
石膏板9.5
寒冷纱油漆

客厅、餐厅

厨房

阳台
走廊

CH=2,025

CH=2,400

2,000

1,850

2,000

2,650

2,000

600

25

1,820　910　910　910　910　910　910

7,280

屋顶天窗的下部可以作为天花板。从屋顶天窗进来的阳光透过天花板传递到楼下。此外，这个设计也有益于整个住宅的空气流动。

图2　将主柱作为中心，屋梁向八方扩展　屋顶俯视图【S=1:120】

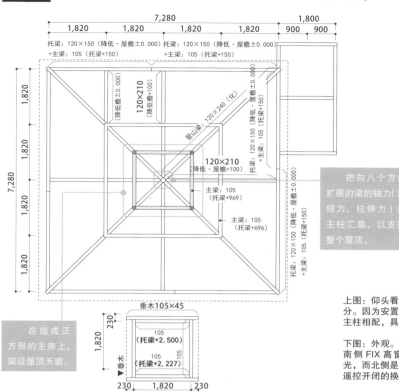

7,280 / 1,800
1,820　1,820　1,820　1,820　900　900

托梁：120×150（降低·屋檐±0.000）托梁：120×150（降低·屋檐±0.000）托梁：120×150（降低·屋檐±0.000）
+主梁：105（托梁+150）　+主梁：105（托梁+150）

1,820

【降低屋檐±0.000】
120×210
（降低·屋檐+100）

登山梁：120×240（H）

1,820

120×210
（降低·屋檐+100）

主梁：105
（托梁+969）

主梁：105
（托梁+696）

托梁：120×150（降低·屋檐±0.000）
+主梁：105（托梁+150）

托梁：120×150（降低·屋檐+150）+主梁：105（托梁+150）

7,280

1,820

1,820

垂木105×45

230
105
（托梁+2,500）
105
（托梁+2,227）

垂木

230　1,820　230

在组成正方形的主房上，架设屋顶天窗。

把向八个方向扩展的梁的轴力（压缩力、拉伸力）向主柱汇集，以支撑整个屋顶。

上图：仰头看屋顶天窗部分。因为安置在中心，与主柱相配，具有象征性。

下图：外观。独立屋顶的南侧FIX高窗满足了采光，而北侧是可以远距离遥控开闭的换气窗。

图3　合理经济的架构

轴力聚集中心的主柱架构虽然是符合力学的，外围的耐力墙的应力平衡很差的话，就会发生弯曲，这必须注意。需要把4个面充分地配置平衡，这样向8个方向的登山梁才能尽可能地承担同样的作用力。

因为向主柱进行应力聚集的架构是同理以8个方向的登山梁和垂木共同协调构成的，因此有了统一感。为此主柱的顶部部位可以露出梁架，但需要想办法把结合缝处理好，且一概不使用金属加固件，以获得木质建筑感。

图4　因为主支撑柱的存在，房间布局得以自由地设置　平面图【S=1:200】

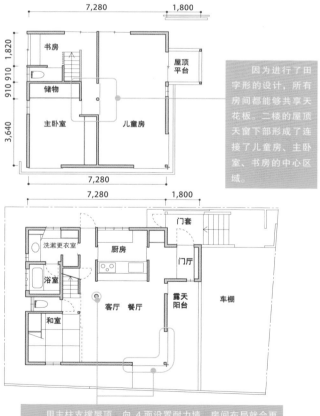

7,280　1,800

1,820
910 910
3,640

书房

储物

主卧室

屋顶平台

儿童房

7,280

因为进行了田字形的设计，所有房间都能够共享天花板。二楼的屋顶天窗下部形成了连接了儿童房、主卧室、书房的中心区域。

7,280　1,800

洗漱更衣室

浴室

和室

厨房

门套

门厅

露天阳台

客厅　餐厅

车棚

用主柱支撑屋顶，向4面设置耐力墙，房间布局就会更加自由。即使在拐角处设置大开口也是可能的。

适合剪力墙结构的
方形平板

光从平板的间隙透过！

　　本案例是在从距离车能直接开进院里来的道路位置的100m处的坡道上建造的房屋。因此采用了搬运材料便捷且能缩短工期的剪力墙结构。

　　为了能让框架隔间中收纳东西，并且省略室内的胶合板，壁板内的框架全部露在外面。屋顶也是为了配合整体做成看起来像平板的形状，于是利用4个等边三角形的胶合板互相靠在一起形成架构。支撑屋顶的四处角梁也均为2根，在有缝隙的地方开设长条状天窗，让顶部光线照射进来。　　　　【田井干夫】

图1　用四块木板做成的方形屋顶　　屋顶俯视图【S=1:100】

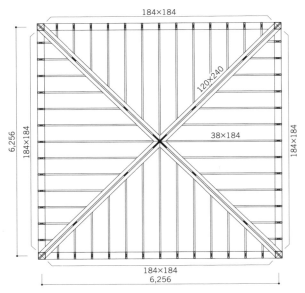

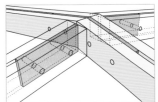

在方形的对角线上用两块榆木做成三角形。将一处对角线上的榆木挂起，然后用螺丝钉拧紧。两个榆木中间用垫片夹紧，留出固定的间隔。留出的缝隙部分可以用作顶部采光。

2楼卧室。为了设置柜子之类的收纳区，剪力墙结构的平板全部都露在外面。屋顶也因此做成了将4块三角形的平板互相靠在一起的样子。像这种通过缝隙采光都是做成这样的结构。

图2　像晒台屋顶一样的缓坡方形屋顶　　平面图【S=1:50】

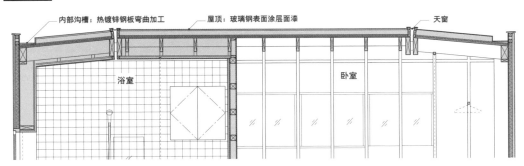

内部沟槽：热镀锌钢板弯曲加工　　　　屋顶：玻璃钢表面涂层面漆　　　　天窗

浴室　　　　卧室

屋顶涂上FRP型涂料。屋顶面的坡度高差为2寸，十分的平缓。方形的屋顶通过护栏墙隐藏，外观看起来像平坦的晒台屋顶。

上麻生的家（设计：Architect Cafe/ 摄影：浅川敏）

方形房屋的四角
全部采用折板结构，以取消柱子

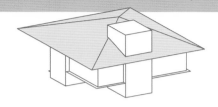

将方形房屋四角从有柱子的结构中解放出来！

在一片风景优美的大型建筑空地上，建议减少建筑的存在以配合周围环境。因此，我们建造了一个轻柔的方形屋顶，使建筑适应周围环境（图1）。另外，为了尽可能地把景色捕捉到建筑内部空间，去掉了四个角柱※。为了实现这一点，通过使用双层结构胶合板制作屋顶，并使屋顶本身作为结构来制作折叠板结构，从而建立了"无柱"结构（图3）。取而代之的是省略角部的支柱，用4面承重墙和格子状的各个房屋单元来支撑屋顶（图2）。 　　　　　　　　　　　【岸本和彦】

图1　将方形房屋屋顶做成折板结构，从而解放四角的角柱　剖面图【S=1:80】

建筑通风：钣金折叠加工

屋顶：
镀锌钢板0.4水平屋顶
沥青屋面
结构胶合板9
保温材料：玻璃棉100
结构胶合板12×2

天花板：椴木胶合板9

天花板：椴木胶合板9 防腐涂层

可眺望到河流的客厅

家庭空间

一楼地面标高 =地面标高+1,030

地面标高

860　390　1,820　3,640

不仅是用2层构造胶合板进行支撑，还要通过横梁、主梁构造加固，从而预防屋顶变形。

从西南方方向眺望，因为没有柱子的存在而影响观看周围的绿色风景，一眼望去所有景色尽收眼底。

图2　折板构造的屋顶通过各个房屋单元支撑　平面图【S=1:200】

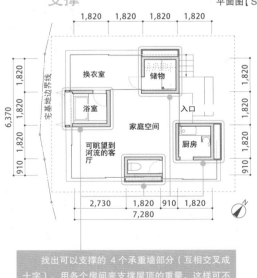

1,820　1,820　1,820　1,820

宅基地边界线

换衣室　储物
浴室
家庭空间
入口
厨房
可眺望到河流的客厅

1,820　1,820　1,820　1,820　910

2,730　1,820　910　1,820
7,280

找出可以支撑的4个承重墙部分（互相交叉成十字），用各个房间来支撑屋顶的重量，这样可不必在4个角落架设支撑柱。

图3　折板构造的构成图解

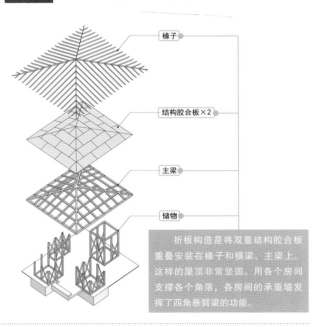

椽子

结构胶合板×2

主梁

储物

折板构造是将双重结构胶合板重叠安装在椽子和横梁、主梁上。这样的屋顶非常坚固。用各个房间支撑各个角落，各房间的承重墙发挥了四角悬臂梁的功能。

※ 角柱又称管柱，建筑物边缘的柱子，一般用来连通上、下楼层用。

用方形屋顶
打造无角柱的阳台

十字形方案&方形屋顶，让角落更加开放！

方形屋顶的好处是可以很好地遮蔽4面外围空间。

如是建在某别墅区的"周末住宅"，为了能够休闲舒适地度过休息时光，该房屋要保证必需的房屋空间性和适用性。此类房屋可采用方形屋顶，四周的低屋檐很好地保护了外墙面（图1、图2）。房外的3个角落全部在屋檐之下，充分保证了屋外的空间，可以满足放薪柴、机械设备或作为阳台等不同用途。剩下一角采用四坡屋顶与之相连，可以满足建玄关、玄关储物室等用途。 【熊泽安子】

图1 采用托梁构造以省略角柱
屋顶俯视图【S=1:150】

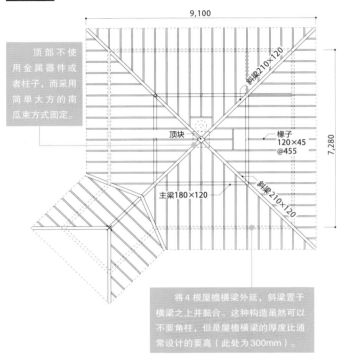

9,100

7,280

顶部不使用金属器件或者柱子，而采用简单大方的南瓜束方式固定。

斜梁210×120

顶块

椽子120×45@455

主梁180×120

斜梁210×120

将4根屋檐横梁外延，斜梁置于横梁之上并黏合。这种构造虽然可以不要角柱，但是屋檐横梁的厚度比通常设计的要高（此处为300mm）。

图2 采用十字形方案让角落更加开放
平面图【S=1:200】

采用十字形方案，将大厅设计在房屋的中心，其他房间围绕大厅配置，角落处是被屋檐所遮盖的檐下空间。此方案和方形屋顶十分搭配。

7,680
3,640

浴室

木柴储库

厕所

设备机器空间

更衣室

储物

厨房

和室

屋檐线

大厅

阳台

3,640

7,280

仓库

门厅

顶部采用南瓜束方式加固，因此不需要柱子，所以能够保证中央大厅足够宽大。

上图：东侧外观。方形屋顶和四坡屋顶进行搭配设计，其屋檐更突出，能够保护外墙免于雨水冲刷。中图：东侧阳台。省略角柱，外观上避免因暴露的柱子造成的阻碍，使视野更加开阔。下图：房间中央的大厅。采用南瓜束方式来连接斜梁。

采用倾斜式方形设计，让屋顶看起来更加小巧

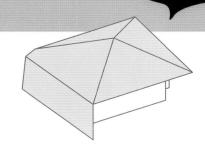

采取倾斜式方形设计，从视觉上可以降低屋顶的存在感！

在盖平房时，往往会采用人字形或者四坡屋顶，因为多数平房建筑的屋顶看起来比较臃肿。本案例采用缓斜坡的方形设计，使屋顶更加小巧，让建筑整体和房屋从外观上更加协调（图1）。另外，由于屋顶小巧且高度较低，从前面的道路上透过建筑一眼可见院子深处原本就有的仓库和茶室。

与人形屋顶或者单面倾斜屋顶相比，内部空间稍显局促。但伞骨状的屋顶搭配肘木[1]，形成宽范围开放型架构，给人以开阔感（图2、图3）。　【三泽文子】

图1　采用方形设计使屋顶看起来更加小巧　剖面图【S=1:100】

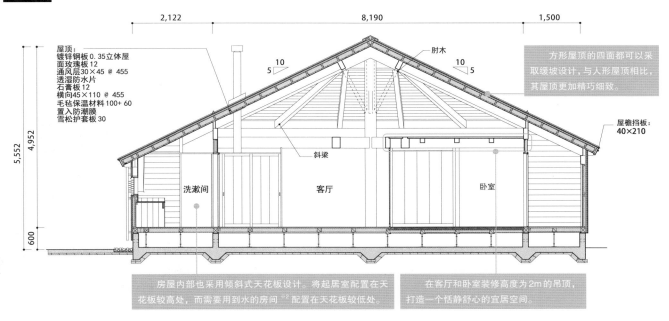

屋顶：
镀锌钢板 0.35立体屋面玫瑰板 12
通风层 30×45 @ 455
透湿防水片
石膏板 12
横向 45×110 @ 455
毛毡保温材料 100+ 60
置入防潮膜
雪松护套板 30

肘木

方形屋顶的四面都可以采取缓坡设计，与人形屋顶相比，其屋顶更加精巧细致。

斜梁

屋檐挡板：40×210

洗漱间　客厅　卧室

房屋内部也采用倾斜式天花板设计。将起居室配置在天花板较高处，而需要用到水的房间[2]配置在天花板较低处。

在客厅和卧室装修高度为2m的吊顶，打造一个恬静舒心的宜居空间。

图2　用伞骨状的架构和肘木来支撑　屋顶俯视图【S=1:250】

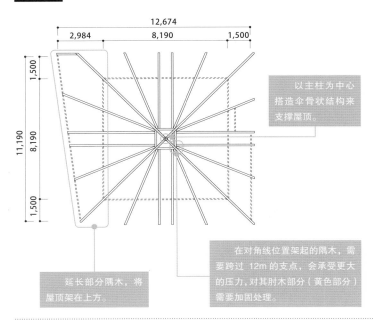

以主柱为中心搭造伞骨状结构来支撑屋顶

延长部分隔木，将屋顶架在上方。

在对角线位置架起的隔木，需要跨过 12m 的支点，会承受更大的压力，对其肘木部分（黄色部分）需要加固处理。

上图：外观。在屋顶一边延长的空间下方设计使用水的房间。有玄关的走道一侧是平面的屋顶，凸显一种有朋而来不亦乐乎的氛围。

下图：从起居室看向和式的房间。将从主柱上突出的肘木涂成丹红，营造一种别有情调的空间氛围。

※1，肘木：又称横木、腕木。与图片保持一致。
※2，需要用到水的房间，如厕所、厨房、浴室等。

用人字形屋顶
来做防落雪屋顶的方法

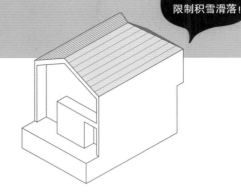

用波浪形屋顶来限制积雪滑落!

在经常下雪的地区常见的防落雪屋顶多数是平板的。本案例为了确保上层天花板的高度,采用了人字形屋顶(部分四坡屋顶)。

为了用人字形屋顶来实现积雪保温效果,在横梁跨度方向设立波浪形屋顶,这也起到了阻挡雪下落的作用。本案例是位于雪大且湿度比较低的北海道,此地的雪很容易被风吹走,就算堆积也不会有大问题。但是对于雨水和春天融雪的话,对屋顶排水措施却需要费一番工夫(图1、图2)。　　　　　　　　　【赤坂真一郎】

图1　用人字形屋顶做防落雪屋顶　　屋顶俯视图【S=1:150】　屋顶结构图【S=1:150】

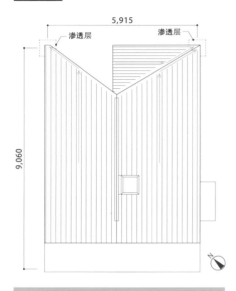

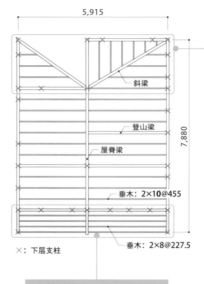

×:下层支柱

因为北侧有斜线限制,而做成了四坡屋顶,另一部分屋顶切割后成了阳台。

阻挡落雪用的波浪形屋顶主要朝向北侧(四坡屋顶的东侧)的方向。因此雪融化之后会通过波浪板落到四坡屋顶下(渗透层)的两处地面上。

为了让墙端椽子露出来,要把主梁和屋檐稍稍带出来,把垂木的距离做小。

南侧外观。屋顶和侧墙从人字形屋顶与墙面结合部露出其总长度的一半左右,更强调了人字形屋顶的特征。多出的大部分屋顶还起到保护晒台和门廊的作用。

图2　雨水和融雪的处理　　剖面图【S=1:60】

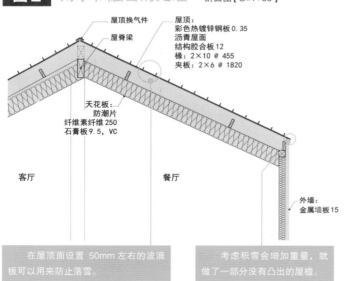

在屋顶面设置 50mm 左右的波浪板可以用来防止落雪。

考虑积雪会增加重量,就做了一部分没有凸出的屋檐。

从二楼的起居室看北侧的餐室和晒台。晒台上面的屋顶被切了一部分,形成了一个同时有屋檐又可以直接仰望天空的空间。四坡屋顶的2根角柱与屋顶顶部的屋脊梁相连,外阳台终端的柱子也起到支撑作用。

采用大坡度的四坡屋顶，让房屋看起来更小

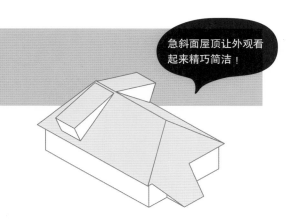

急斜面屋顶让外观看起来精巧简洁！

本案例是设计一种茅草屋顶以突出农家集落的主题风格的四坡屋顶。大坡面的四坡屋顶空间做成阁楼式，不仅让外观看起来更加小巧，还能保证下层空间的宽敞。阁楼中还设置了南、北两个屋顶窗来获取采光。

内部采用实体墙，包括房顶的所有构成材料都做成露出形。用水处和库房等小空间不用勉强装进四面坡屋顶，可以让耳房和门廊的部分延长到屋檐位置，构成一个不破坏四坡屋顶的整体构造（图1、图3）。 【三泽文子】

图1 通过使用四面坡的大屋顶让外观看起来更小巧
屋顶结构图【S=1：200】

10,920

910 910

7,280

910

910

屋顶窗位置的垂直负重部分做成长方形的架构，使其更稳固。

○：表示下面有一个支柱
竖条拉拔螺栓
垂直拉拔螺栓

基本采用购入的预制材料，只有房梁和角梁互相作用的部分因为接口比较复杂而用手工完成。

图2 把各个小空间统一在侧屋
平面图【S=1：400】

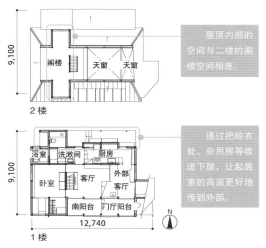

9,100

阁楼 天窗 天窗

2楼

屋顶内部的空间与二楼的阁楼空间相连。

9,100

浴室 洗漱间 厨房
卧室 客厅 外部
客厅
南阳台 门厅阳台
12,740

1楼

通过把晾衣处、杂用房等收进下屋，让起居室的高温更好地传到外部。

图3 把大型的阁楼和楼梯间相连，让空间显得更大
剖面图【S=1：100】

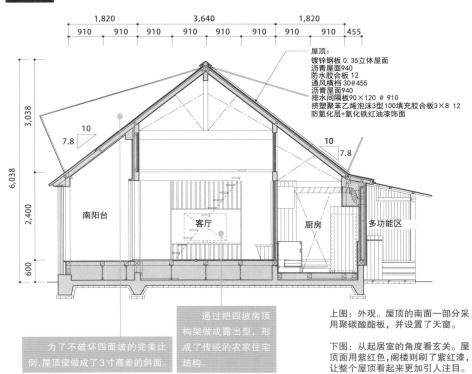

1,820 3,640 1,820
910 910 910 910 910 910 910 910 455

3,038

10
7.8

屋顶：
镀锌钢板0.35立体屋面
沥青屋面940
防水胶合板12
通风横档30@455
沥青屋面940
排水间隔板90×120 @ 910
挤塑聚苯乙烯泡沫3型100填充胶合板3×8 12
防氧化层+氧化铁红油漆饰面

10
7.8

6,038

2,400

600

南阳台

客厅

厨房

多功能区

为了不破坏四坡面的完美比例,屋顶窗做成了3寸高差的斜面。

通过把四坡房顶构架做成露出型，形成了传统的农家住宅结构。

上图：外观。屋顶的南面一部分采用聚碳酸酯板，并设置了天窗。

下图：从起居室的角度看玄关。屋顶面用紫红色,阁楼则刷了紫红漆,让整个屋顶看来更加引人注目。

用四坡屋顶的下屋
为一层的天顶增添变化

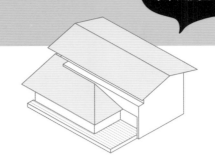

屋檐先端的线条也呈水平，很优美！

一共两层的房子中给一楼设计客厅的时候，天顶不得不用平板，很容易像公寓那样落入俗套。如果建筑面积有余，可以设置一个下屋让客厅往外侧扩张，使天顶富于变化。

本案例中，延伸出的侧屋屋顶采用四坡屋顶，正下方作为客厅的空间，其天花板角度是随着屋顶坡度变化而一起变化的。此外侧屋顶因为是四坡屋顶，屋檐线是水平的。把屋檐天花板都连接起来的话，外部就能形成一个大的开放空间。

【藤原昭夫】

图1 在一楼的客厅设置侧屋　　一楼平面图、屋顶俯视图【S=1:300】

11,830
9,100
8,190
门厅　储物　书房
装饰圆柱φ120
斜梁线
茶室　客厅　露台
装饰圆柱φ120
N

在总共二层楼房的南面、做出一个分层的侧屋，用来设置客厅和茶室。在东面的角落铺设露天平台，形成与外部的连接。

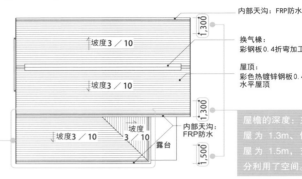

内部天沟：FRP防水
换气椽：彩钢板0.4折弯加工
屋顶：彩色热镀锌钢板0.4水平屋顶
坡度3/10
坡度3/10
坡度3/10
坡度3/10
1,300
1,300
1,500
内部天沟：FRP防水
露台

屋檐的深度：主屋为1.3m、侧屋为1.5m，充分利用了空间。

图2 只有一面的四坡屋顶的下屋构架　　阁楼俯视图【S=1:120】

侧屋的甲板阳台所在的东侧是四坡屋顶。以两根交错深达300mm 截面的大角柱和主梁、登山梁、托梁连接支撑着屋顶平台。

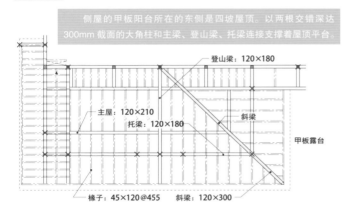

登山梁：120×180
主屋：120×210
托梁：120×180
斜梁
甲板露台
椽子：45×120@455　斜梁：120×300

图3 主屋与侧屋　　剖面图【S=1:150】

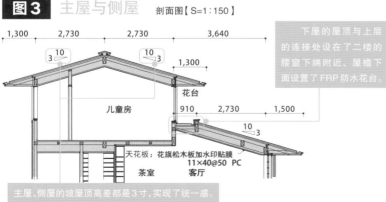

1,300　2,730　2,730　3,640
3 10　10 3
1,300
花台
儿童房
910　2,730　1,500
10 3
天花板：花旗松木板加水印贴膜
11×40@50 PC
茶室　客厅

下屋的屋顶与上层的连接处设在了二楼的腰窗下端附近、屋檐下面设置了FRP防水花台。

主屋、侧屋的坡顶高差都是3寸，实现了统一感。

上图：从露台位置看客厅。侧屋支柱的顶端折角后下降的屋檐清楚地描绘出一个平直的线条。

下图：侧屋的天顶用米松铺成。斜梁的线条在弯折点相交后沿着屋顶下落，连接到玻璃落地窗（效果见照片）。上层结构与地板平台的连续，产生内外呼应的效果。

躲避3个方向的斜线的 五角形屋顶

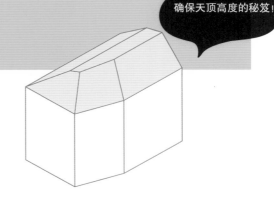

确保天顶高度的秘笈!

　　住宅密集区或者转角地带会跟多方向的斜线限制交错※。本案例也是在转角地带，南侧和西侧有道路斜线限制，北侧都有（高度）斜线限制（图1、图2）。于是，对于高度斜线限制，把体积分割成适应这个限制的大小；对于道路斜线限制，做到满足采光率之后，让急斜面屋顶和外墙呈一体化设计。一方面确保屋顶配置成适合的斜线限制，一方面还要保证天花板高度以满足屋顶阁楼的空间需要，因此采用登山梁和建筑胶合板做屋顶构面，极力减少小屋梁和打火梁等水平木材（图3）。
【杉浦充】

图1　与三方向斜线限制交错的屋顶　屋顶俯视图【S=1:100】

北面有"一类限高区"※1

邻家边界线

道路边界线

4,820

道路边界线

道路边界线

A

A 7,550

邻家边界线

N

被道路斜线影响的西面和南面要以保证采光率为第一要求，在设计时斟酌空间体积。

在没有斜线限制的东面，为了保证采光率也采用了与西面同样的斜面。

屋顶和外墙都用镀铝锌钢板材质，以一文字屋顶形式连续铺成，形成统一的外观。

图2　与外墙一体化的屋顶　剖面图【S=1:50】

为了控制屋檐高度而控制了屋顶顶部的坡度，并开设了天窗。

因为处于采光率不良的高度斜线地区，北面采用了与斜线平行的斜面设计。

道路斜线（随蓄水池往底延伸）

第一类高度斜线

3　10

10

31.55

2,566

道路边界线

10

7.65

走廊

屋顶：
镀铝锌钢板水平屋顶
沥青屋面
防水胶合板12
通风橼20
透湿防水片
屋顶盖板24

外墙：
镀铝锌钢板水平屋顶
通风垫条：15
透气防水层
防水石膏板12.5

4,820

通气问题可以从四周和外墙下端解决。从有水管的北侧屋檐前部到其他三面外墙一直到屋顶的通气层形成连续作用，从换气椽子排气。

图3　设计与外墙配套的屋顶
屋顶结构俯视图【S=1:200】

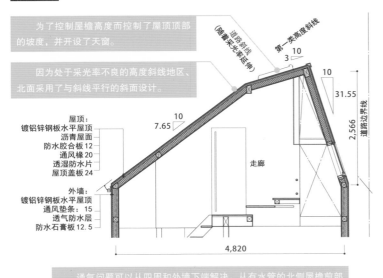

屋脊和托梁等为了配合斜面，一部分的构造是现场手工完成的。

让外周的柱子保持直立，与其他梁架配合形成登山梁一样的构架。

※ 译者注：日本住宅建设相关法律把宅基地分为三类限高的斜线限制交错。

以环状金属件支撑六边形屋顶

多方向房梁交汇于顶部的方案也很容易实现！

朝向顶部的多方向房梁的对合架设，使得顶部的节点极其复杂。本案例为了形成动态的架构露天空间，在六边形平面上设计了从顶部呈放射状延伸房梁的屋顶。顶部采用的钢制环形物，简化了房梁的对合，便于施工（图1）。

环形金属的内侧是顶灯，在容易昏暗的室内中心处引进了光线。圆形顶灯下照射的光芒，营造了神圣的氛围（图2、图3）。 【西久保毅人】

图1 在六边形平面上架设呈放射状的房梁 屋顶结构图【S=1：100】

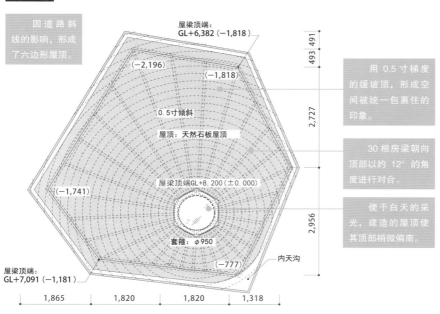

因道路斜线的影响，形成了六边形屋顶。

屋梁顶端：GL+6,382（−1,818）

（−2,196）

（−1,818）

0.5寸倾斜

屋顶：天然石板屋顶

屋梁顶端GL+8,200（±0.000）

（−1,741）

套箍：φ950

屋梁顶端：GL+7,091（−1,181）

（−777）

内天沟

493 491

2,727

2,956

用0.5寸梯度的缓坡顶，形成空间被统一包裹住的印象。

30根房梁朝向顶部以约12°的角度进行对合。

便于白天的采光，建造的屋顶使其顶部稍微偏南。

1,865　1,820　1,820　1,318

顶灯下设有楼梯，光线从天花板直射到楼下。从天窗洒下的光线，其角度和方向会根据季节和时间的不同移动，令人感受到季节变化的乐趣。

图2 环状金属的详情 截面详图【S=1：20】 # 金属件详图【S=1：20】

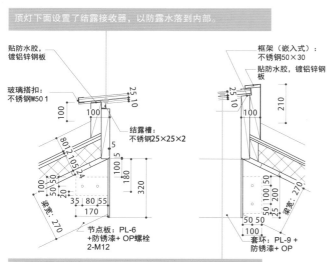

顶灯下面设置了结露接收器，以防露水落到内部。

贴防水胶，镀铝锌钢板

玻璃搭扣：不锈钢W50 1

框架（嵌入式）：不锈钢50×30

贴防水胶，镀铝锌钢板

结露槽：不锈钢25×25×2

节点板：PL-6+防锈漆+OP螺栓2-M12

套环：PL-9+防锈漆+OP

天窗的玻璃面为1寸高差的坡度，能很好地防雨。使用25mm厚的双层玻璃以确保保温性能。

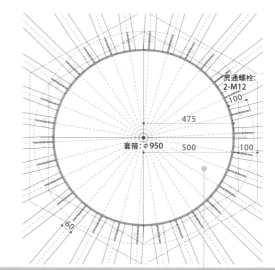

贯通螺栓：2-M12

475

套箍：φ950 500

100

60

焊接钢环和相同数目的房梁托架是特制而成的金属。托架上有2个孔，插入房梁后用螺栓固定。

神宫前的家（设计：Niko设计室 / 摄影：西久保毅人）

用六角形屋顶来区分空间的作用

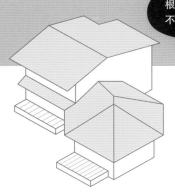

根据不同的空间设计不同的屋顶！

一个住宅内，使不同用途的空间并存的案例中，根据不同体积的形状来划分就比较明确。

本案例是在山脚的住宅区建立的二世代住宅。虽然父母家和孩子家是相连接的，但是父母家是六角形的平房，孩子家长方形的两层楼房，各自有不同的空间。父母家架的是符合计划的六角形屋顶，孩子家架的是简单的人字形屋顶，北侧的中间部分设置了共同的玄关、用水场所等。　　　　　　　　　　【熊泽安子】

图1　拉伸四坡屋顶的六角形屋顶　　阁楼俯视图【S=1：150】

四坡屋顶的背面是长六角形架构。楼木的两端是柱子，背面的屋顶面由 4 根斜梁和登山梁支撑。为了有房檐，斜梁和登山梁需要从横梁伸出来一小部分。

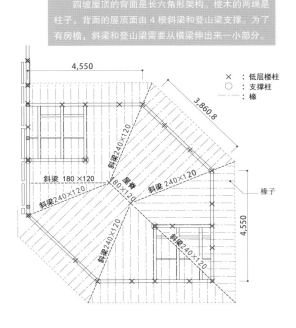

× ：低层楼柱
○ ：支撑柱
---- ：椽

4,550
3,860.8
斜梁240×120
斜梁 180 ×120
斜梁240×120
圆檩 180×120
斜梁240×120
斜梁240×120
斜梁240×120
椽子
4,550

父母家在六角形的屋顶上架设了天花板，支撑栋木的两根柱子立在了屋子中间，在柱子中间立了面墙，起到了隔开卧室和餐厅的作用。

图2　按计划架构屋顶　　一楼平面图【S=1：200】

父母家和孩子家都在南面设立一个大开口，不管从哪里都能看到院子。

5,660
浴室
厨房
洗漱室
门厅
卧室
6,360
客厅2
工作室
客厅1
厨房
4,550
5,660
4,550
N

图3　改变梯度·屋顶的材料　　剖面图【S=1：150】

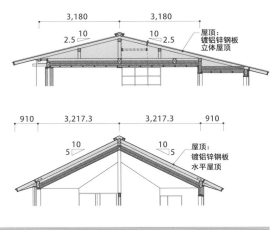

3,180　　3,180
2.5　10　　10　2.5
屋顶：镀铝锌钢板立体屋顶

910　3,217.3　　3,217.3　910
10　　10
5　　5
屋顶：镀铝锌钢板水平屋顶

孩子家的人字形屋顶是 2 寸 5 分高差的坡度，是紫黄色钢板的板缝接条屋顶。与此相对，父母家的六角形屋顶是 5 寸高差的坡度，是紫黄色的钢板平屋顶，两个屋顶看起来很不一样。

第 4 章

屋顶保温、防潮

屋顶最重要的是保温、防潮性能。
保证这些性能，是创造舒适的内
部空间的前提。
在这里，介绍一些性能卓越、且
匠心独运的优秀设计案例。

屋顶保温、防潮设计基础

图1 标准的屋顶的节点

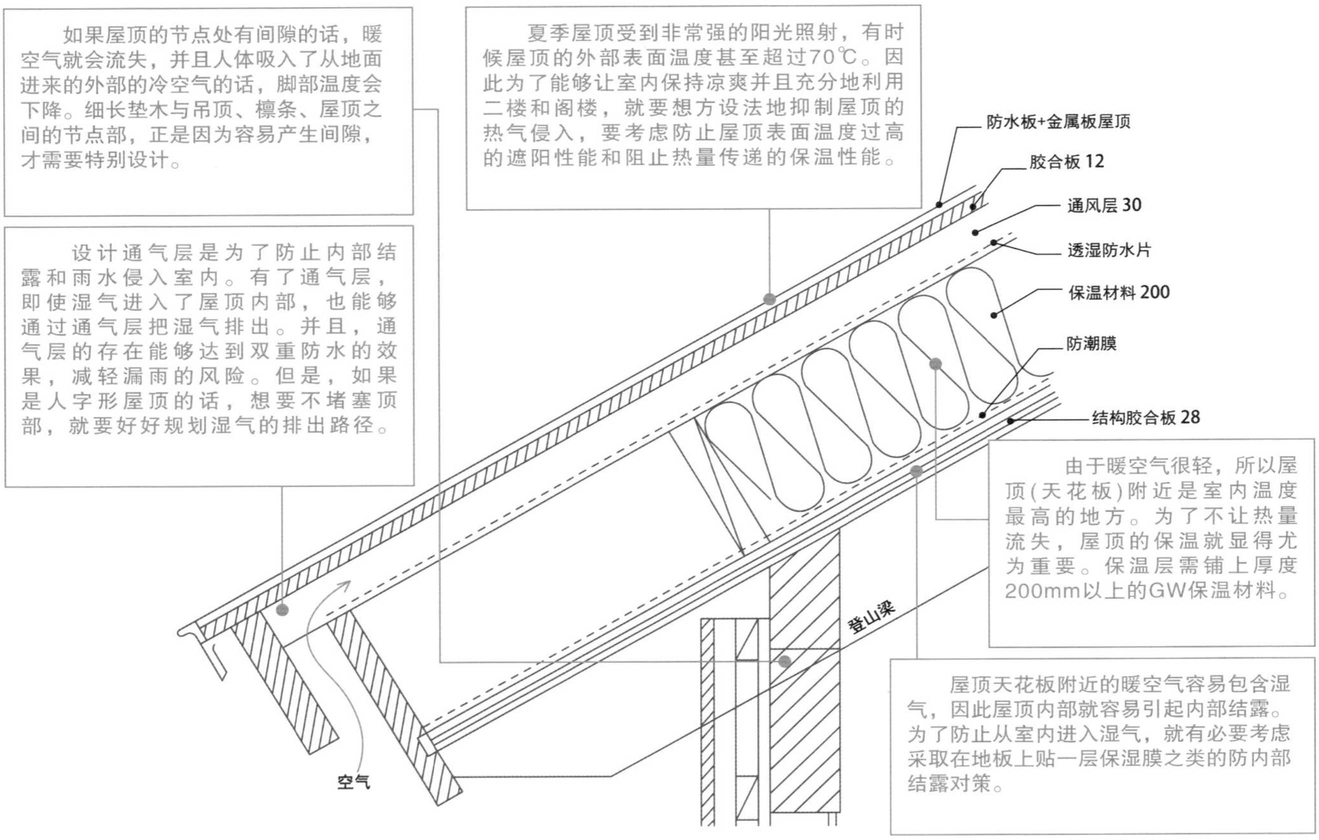

如果屋顶的节点处有间隙的话,暖空气就会流失,并且人体吸入了从地面进来的外部的冷空气的话,脚部温度会下降。细长垫木与吊顶、檩条、屋顶之间的节点部,正是因为容易产生间隙,才需要特别设计。

设计通气层是为了防止内部结露和雨水侵入室内。有了通气层,即使湿气进入了屋顶内部,也能够通过通气层把湿气排出。并且,通气层的存在能够达到双重防水的效果,减轻漏雨的风险。但是,如果是人字形屋顶的话,想要不堵塞顶部,就要好好规划湿气的排出路径。

夏季屋顶受到非常强的阳光照射,有时候屋顶的外部表面温度甚至超过70℃。因此为了能够让室内保持凉爽并且充分地利用二楼和阁楼,就要想方设法地抑制屋顶的热气侵入,要考虑防止屋顶表面温度过高的遮阳性能和阻止热量传递的保温性能。

防水板+金属板屋顶
胶合板 12
通风层 30
透湿防水片
保温材料 200
防潮膜
结构胶合板 28

由于暖空气很轻,所以屋顶(天花板)附近是室内温度最高的地方。为了不让热量流失,屋顶的保温就显得尤为重要。保温层需铺上厚度200mm以上的GW保温材料。

屋顶天花板附近的暖空气容易包含湿气,因此屋顶内部就容易引起内部结露。为了防止从室内进入湿气,就有必要考虑采取在地板上贴一层保湿膜之类的防内部结露对策。

登山梁

空气

屋顶的性能中,
保温和防结露是关键

关于屋顶的性能,四大关键是:①保温;②防结露;③遮蔽太阳光的照射;④密封。如何对这四大关键问题采取对策,由于冬天和夏天环境是不同的,所以也要根据季节的不同分别考虑热量和湿气等的变化情况。

首先,在冬季,通过日照和暖气升温的空气聚集在屋顶附近,因此屋顶附近和外界的温度差就变得很大,热量就很容易从屋里流失出去。结果就会导致室温降低,暖气消耗大。为了保持冬季室内的舒适,强化屋顶的保温和密封性是很重要的。

另外,屋顶附近滞留的暖空气容易包含水蒸气。这种水蒸气一旦进入

屋顶内部就会降低温度导致内部结露,从而引发建筑物结构体的老化。防结露对策的基本想法就是,不让湿气进入屋顶内部,就算万一湿气进入了屋顶内部,也要把湿气排出到室外。在这个考虑的基础上进行能够透过材料的湿气含量等计算。判定内部结露危险度的方法有四种,分别是:按照设计要求用规定的材料;计算湿气穿透差的防潮比;计算屋顶内部温度和湿度的稳定计算和非稳定计算。后两者要求准确度很高,前两者计算的具体计算方法如图2所示。

一方面,夏季太阳光对屋顶表面的照射很强,导致屋顶表面高温热量流入室内,室温和体感温度都会上升成为很大的问题。因此,遮蔽太阳光的照射和保温功能就十分重要了。表

面装饰材料涂上很鲜艳的颜色,以提高屋顶的表面反射率,或者用一下隔热薄膜也可以收到效果。但是,要是考虑冬天室内温度会降低的话,提高屋顶的保温性就有很多好处了。

近年来,屋顶设计通气层渐渐成为了一种标准模式。设计通气层的目的有三个,首先是内部防结露对策;其次是由于屋顶变成了两层所以提高了防水效果;再次是提高了散热效果。设计了通气层,檐头就会显得很厚重,外观会变成土里土气,建议在屋顶的节点多下功夫,兼顾美观和功能性。

[辻充孝]

※ 如果选用防潮性欠佳的保温材料进行施工的话,为了不让湿气进入屋顶内部,要用聚乙烯薄膜等防潮膜铺在室内。为了避免复杂的计算,建议直接使用具有防潮性强的薄膜。防潮性差的保温材料除了有玻璃棉、石棉、纤维素等纤维系列,还包含硬质氨基甲酸乙酯泡沫材料(A类3型)。

图2 防潮对策

现在介绍一下常见的施工规定和防潮抵抗比的计算方法。

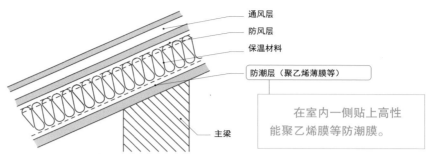

通风层
防风层
保温材料
防潮层（聚乙烯薄膜等）

在室内一侧贴上高性能聚乙烯膜等防潮膜。

主梁

①施工规定

通过使用防湿气效果良好的雨布铺层，以避免湿气进入屋顶内部。如果可直接购入现成的预制材料，就没有计算的必要了。

②防潮抵抗比例的计算

如表1所示以环保基准地区区分法案来决定，对内外侧保温层和防潮层的比率进行计算，以此作为判断基准[1]（表1、表2）。比如，处于"6类地区"的话，室内材料与室外材料要采用3倍的防潮材料。下述是计算方法案例。

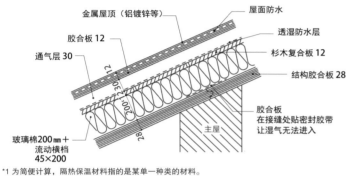

金属屋顶（铝镀锌等）
屋面防水
胶合板12
透湿防水层
通气层30
杉木复合板12
结构胶合板28
胶合板
在接缝处贴密封胶带
让湿气无法进入
玻璃棉200mm＋
流动横档
45×200
主屋

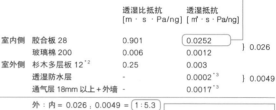

防潮抵抗＝材质防潮率×厚度，这一公式进行计算，得出0.901m·s·Pa/ng×0.028m=0.0252 ㎡·s·Pa/ng

		透湿比抵抗 [m·s·Pa/ng]	透湿抵抗 [㎡·s·Pa/ng]	
室内侧	胶合板28	0.901	0.0252	} 0.026
	玻璃棉200	0.006	0.0012	
室外侧	杉木多层板12[2]	0.25	0.003	
	透湿防水层	-	0.0002[3]	} 0.0049
	通气层18mm以上＋外墙	-	0.0017[3]	

外：内 = 0.026：0.0049 = 1:5.3

因为防潮比结果为1:3以上，所以结露的可能性较低。

*1 为简便计算，隔热保温材料指的是某单一种类的材料。
*2 层间板具有间隙，为安全起见室外侧追加杉木板，以提高强度。
*3 与防水片材和通风层的厚度无关，一切以"防潮抵抗率"的数值为准。

表1 （日本）环保法规定的
各地区的防潮抵抗比例。

地域区分	外：内（外墙环境）
1·2·3地域	1:6（1:5）
4地域	1:4（1:3）
5·6·7地域	1:3（1:2）

表2 代表性的表面材料的防潮抵抗比数值

面材	透湿抵抗
石膏板12.5	0.00032㎡·s·Pa/ng
环形罩MS12	0.00144㎡·s·Pa/ng
保湿层TM9.5	0.00254㎡·s·Pa/ng
胶合板12	0.01081㎡·s·Pa/ng
防潮膜B类	0.14400㎡·s·Pa/ng

因为石膏板材质容易使湿气通过，所以对于室内一侧的防潮几乎没有效果。

图3 通风间层的思考要点

通风间层有几个作用：①防止内部结露；②防止雨水入侵；③散热。

①防止内部结露

屋顶的表面材料（金属板）等无法散发湿气，所以架设通风层以去除进入梁架内部的湿气。

②防止雨水侵入

遇到台风天的时候，即使屋顶表面因飞散物体的砸中而出现了损坏，因为通风间层内有防水纸，所以仍然可以防止雨水侵入室内。

③散热

由通风间层进行散热可以稍稍缓解热气侵入室内。但是，要考虑空气的热容量较小，所以设计要避免依靠通风间层散热，想办法提高建筑本身的保温性能才是首选对策。

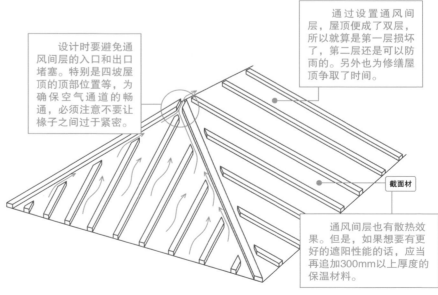

通过设置通风间层，屋顶便成了双层，所以就算第一层损坏了，第二层还是可以防雨的。另外也为修缮屋顶争取了时间。

设计时要避免通风间层的入口和出口堵塞。特别是四坡屋顶的顶部位置等，为确保空气通道的畅通，必须注意不要让椽子之间过于紧密。

截面材

通风间层也有散热效果。但是，如果想要有更好的遮阳性能的话，应当再追加300mm以上厚度的保温材料。

在组成格子的椽子之间
填充300mm厚的绝热材料

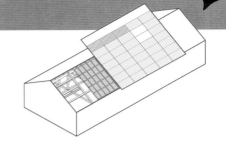

单坡顶的南面铺设太阳能板！

ZEH※式样的住宅。只有东西两端是人字形屋顶，除此之外为了让太阳能电池板有效率地工作，设计成为了南面拉长的单坡屋顶。太阳能板的部分为通透的结构，并设置成外带遮罩的天窗（图3）。

采用的架构为侧屋登山梁嵌入式设计，将登山梁嵌入至主体建筑。在此之上粘贴好24mm厚度的结构胶合板，以保持刚性。主建筑间填充105mm的玻璃棉。另外，用绝热材料作为椽子，以455mm间隔循环铺设框架结构的2mm×12mm厚心板成格子状，填充300mm厚的玻璃棉（图1、图2）。　　【西方里见】

图1　考虑发电效率同时还要确保侧屋内部空间　侧视图【S＝1：80】

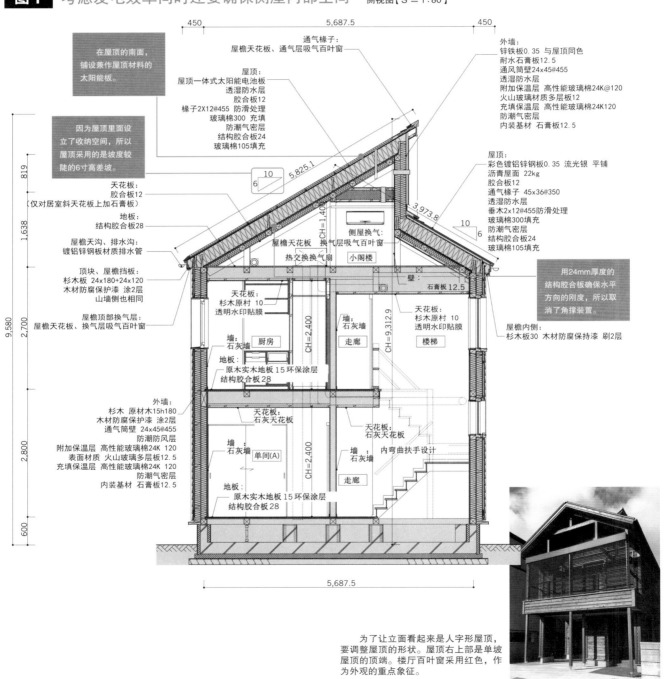

在屋顶的南面，铺设兼作屋顶材料的太阳能板。

因为屋顶里面设立了收纳空间，所以屋顶采用的是坡度较陡的6寸高差坡。

用24mm厚度的结构胶合板确保水平方向的刚度，所以取消了角撑装置。

为了让立面看起来是人字形屋顶，要调整屋顶的形状。屋顶右上部是单坡屋顶的顶端。楼厅百叶窗采用红色，作为外观的重点象征。

※ZEH（Zetch）（Net・Zero・Energy・House）是通过高度保温的房屋和高效率的设备，并同时通过太阳能发电等方式达到舒适室内环境和大量节能要求的一种新式房屋。通过太阳能发电等方式制造能源，住房（净）能源的年消耗几乎为零。

图2 **安置太阳能电池板要特别注意防止漏水和结露** 屋顶部分详图【S=1∶30】

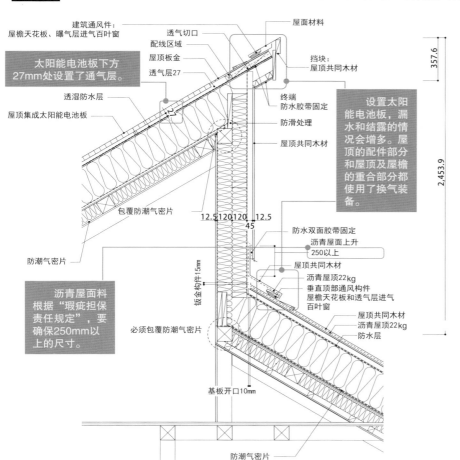

太阳能电池板下方27mm处设置了通气层。

建筑通风件：屋檐天花板、曝气层进气百叶窗

屋面材料

配线区域

透气切口

屋顶板金

透气层27

挡块：屋顶共同木材

透湿防水层

屋顶集成太阳能电池板

终端

防水胶带固定

防滑处理

屋顶共同木材

设置太阳能电池板，漏水和结露的情况会增多。屋顶的配件部分和屋顶及屋檐的重合部分都使用了换气装备。

357.6

2,453.9

包覆防潮气密片

12.5 120 120 12.5

45

防潮气密片

沥青屋面料根据"瑕疵担保责任规定"，要确保250mm以上的尺寸。

防水双面胶带固定

沥青屋面上升250以上

屋顶共同木材

沥青屋顶22kg

垂直顶部通风构件

屋檐天花板和透气层进气百叶窗

屋顶共同木材

沥青屋顶22kg

防水层

钣金构件15mm

必须包覆防潮气密片

基板开口10mm

防潮气密片

上图：组成格子形状的框架用 2mm×12mm的木材，厚度为300mm的玻璃棉填充。

下图：能看到客厅餐厅和阳台。为了确保建造用合板的水平刚性，不采用火打梁。露水只有在房梁这个空间才能形成。

图3 **设置太阳能电池板的一面要设计一个天窗** 屋顶俯视图【S=1∶200】

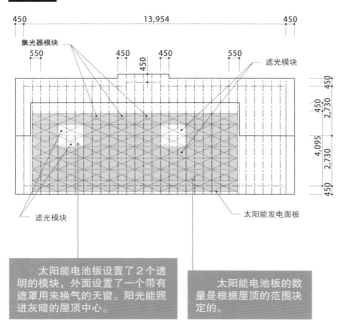

450 13,954 450

集光器模块

550 450 450 550

450

滤光模块

450

450

2,730

450

4,095

2,730

450

滤光模块

太阳能发电面板

太阳能电池板设置了2个透明的模块，外面设置了一个带有遮罩用来换气的天窗。阳光能照进灰暗的屋顶中心。

太阳能电池板的数量是根据屋顶的范围决定的。

天窗和太阳能电池板要尽量平坦，这样能有效减少漏水。

缓慢倾斜的单坡屋顶
使屋梁保温变得合理

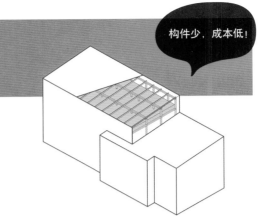

构件少，成本低！

因为邻家院落没有足够的堆雪空间，就制造出1/10缓坡的单坡屋顶，以防积雪落入邻家。因此该建筑无法设置阁楼，屋顶保温就采取屋梁保温的模式。屋梁保温方式通常采用水平胶合板，其气密性比起屋顶保温的方式更加优越。并且比起屋顶保温，其结构材料的成本也更加低廉。主梁和侧梁等用105mm×45mm的椽子连接，9mm厚度的结构胶合板打入横梁形成平面而确保硬度。在此之上铺设防潮气密片，并铺设了400mm厚的玻璃棉。　　　　　　　　　　　　　　【西方里见】

图1 缓坡的单坡屋顶 + 低成本的屋梁保温设计　剖面图【S=1：80】

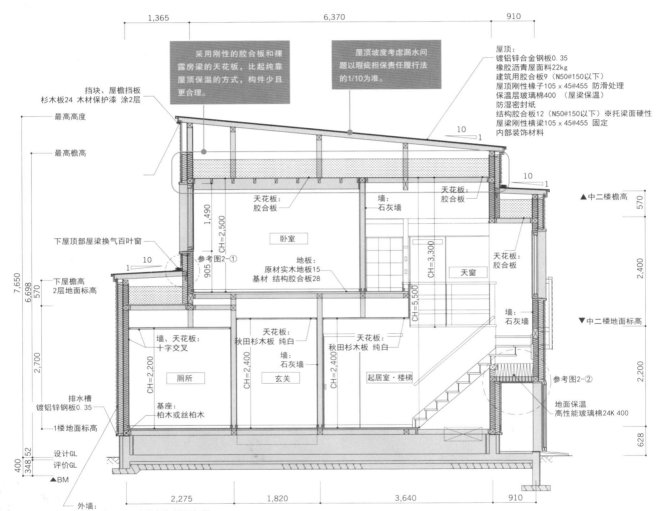

采用刚性的胶合板和裸露房梁的天花板，比起纯靠屋顶保温的方式，构件少且更合理。

屋顶坡度考虑漏水问题以瑕疵担保责任履行法的1/10为准。

屋顶：
镀铝锌合金钢板0.35
橡胶沥青屋面料22kg
建筑用胶合板9（N50@150以下）
屋顶刚性椽子105×45@455 防滑处理
保温层玻璃棉400（屋梁保温）
防湿密封纸
结构胶合板12（N50@150以下）※托梁面硬性
屋梁刚性横梁105×45@455 固定
内部装饰材料

挡块、屋檐挡板
杉木板24 木材保护漆 涂2层

天花板：
胶合板

墙：
石灰墙

天花板：
胶合板

▲中二楼檐高

最高高度

最高檐高

卧室

天花板：
胶合板

下屋顶部屋梁换气百叶窗

参考图2-①

天窗

▼中二楼地面标高

地板：
原材实木地板15
基材 结构胶合板28

墙：
石灰墙

下屋檐高
2层地面标高

墙、天花板：
十字交叉

天花板：
秋田杉木板 纯白

天花板：
秋田杉木板 纯白

墙：
石灰墙

起居室・楼梯

参考图2-②

地面保温
高性能玻璃棉24K 400

厕所

玄关

排水槽
镀铝锌钢板0.35

1楼地面标高

基座：
柏木或丝柏木

设计GL
评价GL

▲BM

外墙：
杉木原木15 h180木材保护涂料 涂2层
在壁板和木板上（能看见h150结构及重叠的h30部分）
透气简壁 45×18@455
透湿防水层
附加保温层
高性能玻璃棉24K100
表面材料 火山玻璃复合层板12（耐力墙强度3.0倍）
充填保温层 高性能玻璃棉24K100
防潮气密层
内部装修基材 石膏板12.5
内部装饰材料

小坡角的单坡屋顶，拥有极大的空间容量，并配合内部功能需求设置了小小的侧屋。

图2 用防湿密封纸能确保防水 　剖面详图【S=1:15】

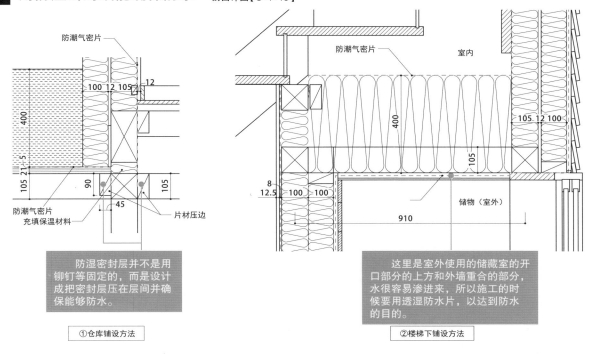

防潮气密片

100 12 105 　12

400

105 21 5

防潮气密片
充填保温材料

90

45

105

片材压边

防潮气密片　　　室内

400

105 12 100

105

8
12.5　100　100

储物（室外）

910

防湿密封层并不是用铆钉等固定的，而是设计成把密封层压在层间并确保能够防水。

①仓库铺设方法

这里是室外使用的储藏室的开口部分的上方和外墙重合的部分，水很容易渗进来，所以施工的时候要用透湿防水片，以达到防水的目的。

②楼梯下铺设方法

图3 合板和横木房梁外露，视觉上给人以坚固感 　平面图【S=1:250】

5,155　　5,460　　5,460

910
7,280
5,460
910

厕所
储物
步入式衣帽间
卧室
储物
仓库
儿童房
天窗
和室
大厅
书房
晾晒台

2,275
455
1,820
6,370
5,460
910

洗漱更衣室
阳台
食品库
厕所
冷气
厨房
通道
门厅
餐厅
客厅
车库
SC
储物

缓坡的单坡屋顶，能在墙面设计一个很大的开口。大开口的设计能让阳光透过儿童房间的通风口照射进来。

以单坡顶的大空间为基础，配合储藏室和用水场所的功能，开辟出了一个实用的仓库。

上图：横木上方用玻璃棉填充。虽然已经用了 400mm 厚的玻璃棉，但是在要求高度保温的情况下，再厚些更稳妥。玻璃棉可多层重叠铺设。

下图：从大厅视角看儿童房。胶合板和横木房梁外露，视觉上可见其坚固的构架。

匠心独运，
设计屋顶通风的新模式

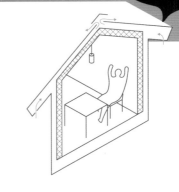

防止露出房顶内部结构！

屋顶结构外露于室内，通过屋顶基板上的隔热材料实现屋顶保温，这时必须在屋顶层间设计通风层，以防止屋顶内部发潮结露，并通过屋檐吸入外界空气保证房顶内部的空气可以流通，因为夏天时候的高温气体容易在屋顶聚集。设计者们都期待着一种同时满足这样既保温又散热的屋顶。

笔者主张设置通风椽子，并在保温材料和屋顶板材之间设置通风层，再通过在保温材料上追加细小的通气孔来同时满足这两个要求（图1~图4）。

【三泽文子】

图1 采用通风椽，确保通风层（标准方法） 剖面图【S=1：20】

镀锌钢板0.35立体屋顶
沥青屋顶940
结构胶合板15
通风椽子45×120@303
酚醛泡沫90
雪松3层面板36

兼做通风口
10
3
30
通风缝隙

30

25 148 30

45

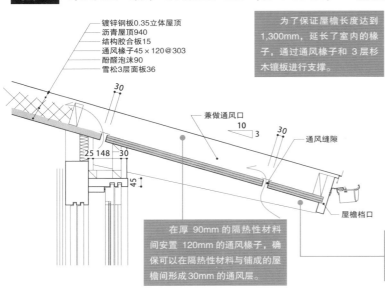

屋檐档口

为了保证屋檐长度达到1,300mm，延长了室内的椽子，通过通风椽子和3层杉木镶板进行支撑。

屋檐下和室内的天花板是一样的，内外风格一致。

在厚 90mm 的隔热性材料间安置 120mm 的通风椽子，确保可以在隔热性材料与铺成的屋檐间形成30mm的通风层。

用厚 36mm 的杉木镶板作为天花板，并一直延伸到室外作为屋檐底板。为了实现 30mm 以上的屋檐，允许露出一部分屋檐托梁，此设计在准防火地区也允许使用。

图2 用椽子制作的隔热材料缺损的部分用隔热材料填补，以提高隔热的效果 剖面图【S=1：20】

镀锌钢板0.35立体屋顶
沥青屋顶940
护套胶合板12
酚醛泡沫45
外装通风椽165×45@455
羊毛保温材料60×2压入
雪松3层面板36

830

30

30

120

210

15

30

40

通风缝隙
屋檐吊顶：
雪松原木板15
通风缝隙

屋檐档口

250

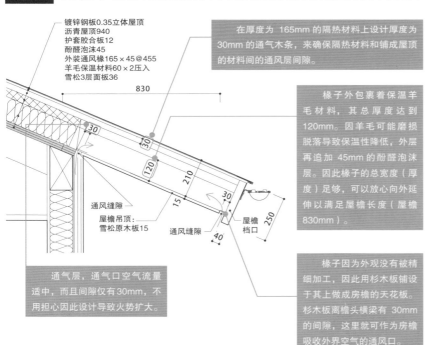

在厚度为 165mm 的隔热材料上设计厚度为30mm的通气木条，来确保隔热材料和铺成屋顶的材料间的通风层间隙。

椽子外包裹着保温羊毛材料，其总厚度达到120mm。因羊毛可能磨损脱落导致保温性降低，外层再追加 45mm 的酚醛泡沫层。因此椽子的总宽度（厚度）足够，可以放心向外延伸以满足屋檐长度（屋檐830mm）。

房檐天花板和外墙都用的是相同的杉木板，是具有统一感的外观设计。

通气层，通气口空气流量适中，而且间隙仅有30mm，不用担心因此设计导致火势扩大。

椽子因为外观没有被精细加工，因此用杉木板铺设于其上做成房檐的天花板。杉木板离檐头横梁有 30mm 的间隙，这里就可作为房檐吸收外界空气的通风口。

图3 屋顶无法开缝隙的情况时，则用开孔对应　剖面图【S=1:20】

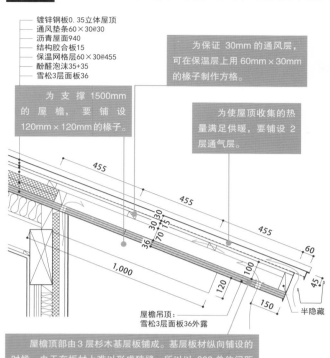

镀锌钢板0.35立体屋顶
通风垫条60×30@30
沥青屋面940
结构胶合板15
保温网格层60×30@455
酚醛泡沫35+35
雪松3层面板36

为保证 30mm 的通风层，可在保温层上用 60mm×30mm 的椽子制作方格。

为支撑 1500mm 的屋檐，要铺设 120mm×120mm 的椽子。

为使屋顶收集的热量满足供暖，要铺设 2 层通气层。

455
455
455
30 30
15
70
36
60
1,000
120
100
150
45
半隐藏

屋檐吊顶：雪松3层面板36外露

屋檐顶部由 3 层杉木基层板铺成。基层板材纵向铺设的时候，由于在板材上难以形成狭缝，所以以 303 单位间距开 φ30 的圆孔作为通气孔。

右上图：外墙壁安装前屋檐下部的照片。屋檐靠近主梁架附近开设了通气口。为遮挡此通气口，外墙施工时有意地保护了通气性能。

上图：支撑椽子安装后的屋檐下部的照片。可见为了从檐头吸入外界空气而设置的通气孔。

右图：铺设建筑胶合板之前屋顶的照片。通气椽子的安装是由上面的通气层走向来决定的。

镀锌钢板0.35立体屋顶
杉木基底板15
通风条40×30
透湿防水层
酚醛泡沫940@45×2
雪松3层面板36

为铺设通气层，架设通气椽子，保温层就会损坏。因此在寒冷地区，就在保温层上架设 30mm 通气椽子确保通气层。

1,200

36 90 30 15
171
36 120 15
60
36 120
79
235

通气孔 φ30
雪松3层面板36

基层板材上开槽做通气孔。

镀锌钢板0.35立体屋顶
透湿防水片材
屋顶盖板15
通风条40×30
雪松3层面板36

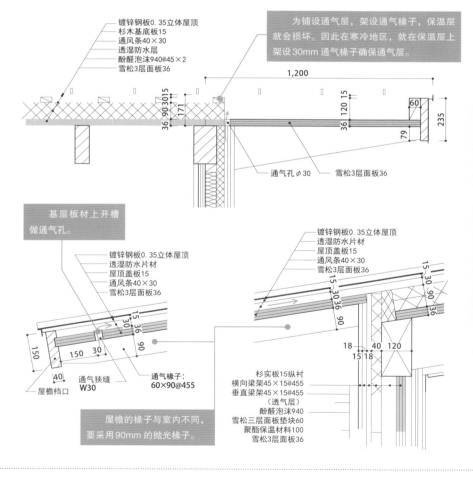

15 30
36
150
150
30
90
40
屋檐档口
通气狭缝 W30
通气椽子：60×90@455

屋檐的椽子与室内不同，要采用90mm的抛光椽子。

镀锌钢板0.35立体屋顶
透湿防水片材
屋顶盖板15
通风条40×30
雪松3层面板36

15 30 36
15 30 36
15 30 90
36
18 40 120
15 18

杉实板15纵衬
横向梁架45×15@455
垂直梁架45×15@455
（透气层）
酚醛泡沫940
雪松3层面板垫块60
聚酯保温材料100
雪松3层面板36

请看屋檐的抛光椽子，作为屋檐的细小的抛光椽子给人一种纤细的感觉。照片是南侧屋顶。透明的一部分采用的是"聚碳酸酯板 @10"，以利采光。

第**5**章

建材

屋顶的装修可以使用各种各样的材料，比如木头、石头、金属、瓦片、FRP（纤维增强复合材料）等。设计者可以根据房屋外观形象具体区分选用。在这里，我们收集了活用建材特性的典型案例进行讲解。根据屋顶坡度、设计上的要点选择最适合的材质，这都是需要仔细斟酌确认的。

茶室采用铜板房顶，
看起来很简洁舒畅

屋顶板的裁剪尺寸越小，格调越高！

茶室等多层屋顶建筑构造从外观上看就令人眼前一亮。把杉木木材切削后，用这种片材重叠方式做房顶是最理想的茶室式房屋。但是在日本《建筑基准法》规定的地区修建该类型房屋的时候，必须使用不可燃材料，所以采用铜板房顶的情况比较多。

在这里，采用了在茶室建造中经常使用的"短本六切"作为首选设计方案。铜板是以 1 尺 2 寸乘以 4 尺的规格剪裁成几等份使用，房顶板的剪裁尺寸被认为"越小越上等"。檐头会在倾斜隔板的末端安装檐头护板。　　　　【西大路雅司】

图1　茶室的下屋用铜板铺设即可　剖面图【S=1：50】

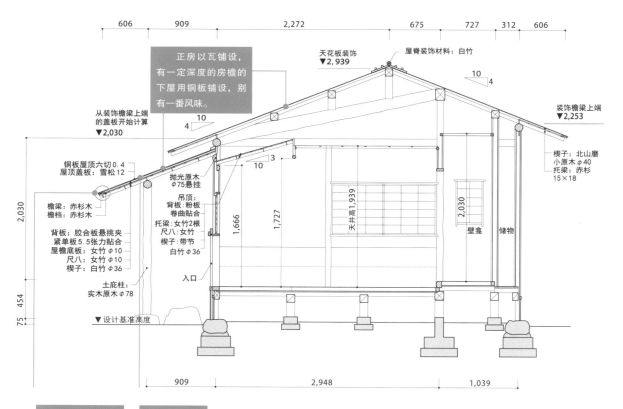

为了使屋顶的厚度看起来薄一点，房檐的宽板条会做得小一点。

下屋和屋顶都是 4 寸坡度，会有一种连续感。

铜板抗腐蚀，表面没必要刷漆，随着时间的流逝会出现铜绿，看起来很美。

图2 在檐头安装屋檐托板来制造阴影　　剖面详图【S=1：12】　檐头扩大图【S=1：6】

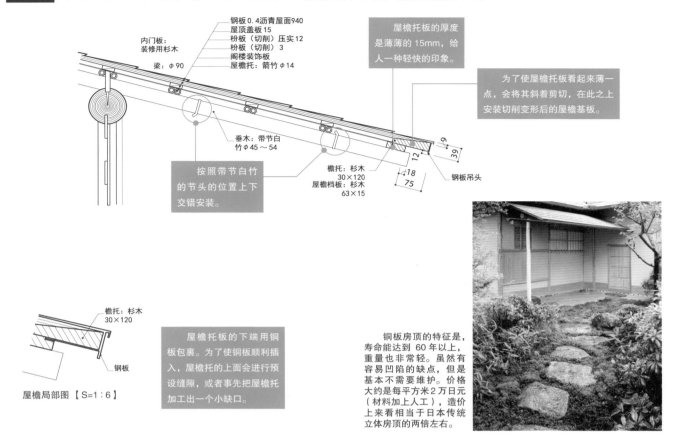

钢板0.4沥青屋面940
屋顶盖板15
粉板（切削）压实12
粉板（切削）3
阁楼装饰板
屋檐托：箭竹 φ14

内门板：
装修用杉木

梁：φ90

屋檐托板的厚度
是薄薄的15mm，给
人一种轻快的印象。

为了使屋檐托板看起来薄一
点，会将其斜着剪切，在此之上
安装切削变形后的屋檐基板。

垂木：带节白
竹 φ45～54

按照带节白竹
的节头的位置上下
交错安装。

檐托：杉木
30×120
屋檐档板：杉木
63×15

钢板吊头

屋檐托：杉木
30×120

钢板

屋檐局部图【S=1：6】

屋檐托板的下端用铜
板包裹。为了使铜板顺利插
入，屋檐托的上面会进行预
设缝隙，或者事先把屋檐托
加工出一个小缺口。

铜板房顶的特征是，
寿命能达到 60 年以上，
重量也非常轻。虽然有
容易凹陷的缺点，但是
基本不需要维护。价格
大约是每平方米 2 万日元
（材料加上人工），造价
上来看相当于日本传统
立体房顶的两倍左右。

图3 把客人和主人的活动线分开　　平面图【S=1：100】

客人动线

茶室

主人
动线

客人动线

主人
动线

玄关

客人的活动
线和主人的活动
线，设计的是不
相交的平面。

露台

客室

2,948

2,727

10,220

3,636

909

909　1,818　1,236　1,212　2,272

选用天然石板，
使屋顶融入自然

享受自然建材的岁月变化！

　　建筑选址在绿色自然包围的地方。为了建筑与自然的融合而选用天然石板屋顶。自古以来就广泛使用于欧洲的天然石板房顶防水性能很好。得益于此，本建筑的三层房顶，从第二层房顶开始选用废弃金属板覆盖，能够在保证防水之后进一步让屋顶轻量化。

　　为了让西部红柏木构成的外墙和天然石板屋顶看起来是直接连接的，我们把排雨水用的檐藏在天沟里，排水管藏在外墙内（图2、图3）。另外，排水口不使用金属板而使用天然石板，使整个建筑物显得朴素而统一（图4）。【浅利幸男】

图1　全方位视角都可以成为主立面的十字形屋顶

剖面图【S=1：150】　屋顶俯视图【S=1：150】

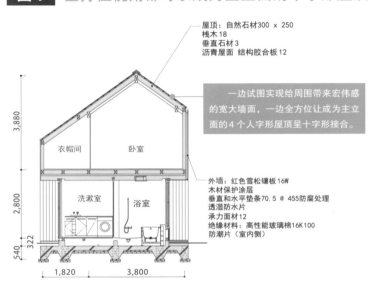

屋顶：自然石材300 x 250
栈木18
垂直石材3
沥青屋面 结构胶合板12

一边试图实现给周围带来宏伟感的宽大墙面，一边全方位让成为主立面的4个人字形屋顶呈十字形接合。

外墙：红色雪松镶板16W
木材保护涂层
垂直和水平垫条70.5 @ 455防腐处理
透湿防水片
承力面材12
绝缘材料：高性能玻璃棉16K100
防潮片（室内侧）

衣帽间　卧室
洗漱室　浴室

圆圈标记的地方设置落水管的漏口。落水管隐藏在外墙内。

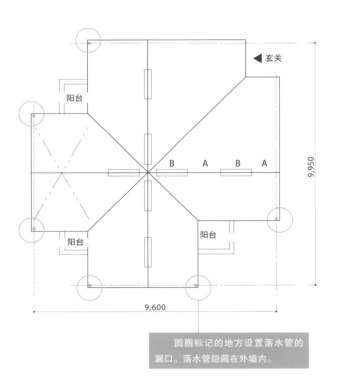

上图：外墙是西部红柏，色泽和质感将会和赤褐色的天然石板房顶一起经年变化。

下图：因为是天然材料，灰色和赤褐色等颜色显得复杂，却别有一番味道。

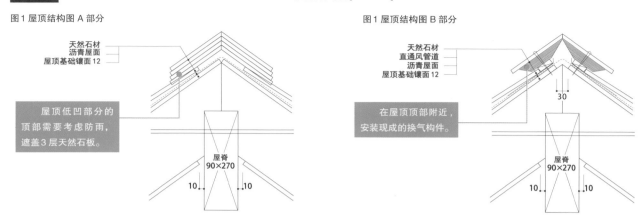

图2 屋顶顶部安装现成的换气构件　房梁部分详图【S=1∶10】

图 1 屋顶结构图 A 部分

天然石材
沥青屋面
屋顶基础镶面 12

屋顶低凹部分的顶部需要考虑防雨，遮盖 3 层天然石板。

屋脊
90×270

10　10

图 1 屋顶结构图 B 部分

天然石材
直通风管道
沥青屋面
屋顶基础镶面 12

30

在屋顶顶部附近，安装现成的换气构件。

屋脊
90×270

10　10

图3 将排水管隐藏在外墙里　屋檐部分详图【S=1∶10】

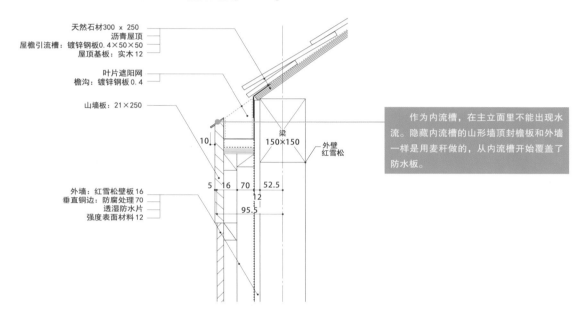

天然石材 300 × 250
沥青屋顶
屋檐引流槽：镀锌钢板 0.4×50×50
屋顶基板：实木 12

叶片遮阳网
檐沟：镀锌钢板 0.4

山墙板：21×250

10

梁
150×150

外壁
红雪松

5　16　70　52.5

12

95.5

外墙：红雪松壁板 16
垂直铜边：防腐处理 70
透湿防水片
强度表面材料 12

作为内流槽，在主立面里不能出现水流。隐藏内流槽的山形墙顶封檐板和外墙一样是用麦秆做的，从内流槽开始覆盖了防水板。

图4 和屋顶同材料的山墙排水口　山墙部分详图【S=1∶10】

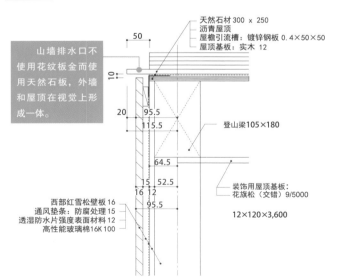

50

山墙排水口不使用花纹板金而使用天然石板，外墙和屋顶在视觉上形成一体。

天然石材 300 × 250
沥青屋顶
屋檐引流槽：镀锌钢板 0.4×50×50
屋顶基板：实木 12

10

20　95.5

115.5

登山梁 105×180

64.5

52.5

15

16 12

95.5

装饰用屋顶基板：
花旗松（交错）9/5000

12×120×3,600

西部红雪松壁板 16
通风垫条：防腐处理 15
透湿防水片强度表面材料 12
高性能玻璃棉 16K 100

为了使屋顶和外墙之间其他构件不显露出来，就要突出外墙和屋顶的材质感。因为是有凹凸的材料，所以建筑的阴影会让主立面更有厚重感。

复杂形状的屋顶用
纤维增强复合塑料补强薄弱位置

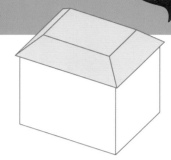

复杂形状的连接部位用纤维增强复合塑料会很安心！

复杂的屋顶容易产生防水上的问题。在这里，将45°坡角的四坡屋顶的顶部切成平板，屋顶安装纤维增强复合塑料※就会减少漏水的风险（图1）。

近年来流行起来的木质建筑采用追加纤维增强复合塑料以补强防水性的施工方法，会可能出现纤维增强复合塑料随着木材的变形而开裂变形的情况。现在开始普及了在木制基底和纤维增强复合塑料之间铺设缓震厚垫的缓震建造法将会减少开裂发生的可能。另外，在四坡屋顶的防雪问题上，因为四坡屋顶一般不是采用固有的防雪金属器具，而是安装加工成三角形的木材器件，也可通过追加纤维增强复合塑料材料来整体加强其防水效果。

【松尾宙、松尾由希】

图1　不管是住宅还是店铺都适用的屋顶　　剖面图【S=1：200】　屋顶俯视图【S=1：200】

餐厅兼住宅的施工法。如果该建筑是以住宅为主的话，可以将四坡屋顶的顶部切平，是一种很好的住宅性能和非住宅性能兼顾的建筑形式。

在屋顶的顶部安装换气栋，作为屋顶通风的排出口。

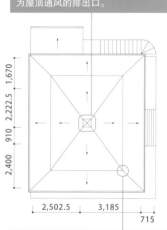

将四坡屋顶的顶部水平切齐，形成一个1/50坡度的平屋顶。因为屋顶的4个角落结构复杂，容易形成防水困难的弱点，这种屋顶不建议采用金属板材完成。

外墙是用红茶色的涂料喷雾完成的，使之和白色的纤维增强复合塑料对比。在二楼地板高度架设水平屋檐和合金，作为餐厅和起居室的遮雨棚，同时在夜间也能作为像行灯一样的广告牌一样实现照明效果。

图2　用木材加工的遮雪板　　剖面图【S=1：10】

将切成三角形的铁杉木在屋顶面垂直安装就成了遮雪板。通过屋顶面的纤维增强复合塑料涂装，将遮雪板和屋顶形成一体。

弹性防水FRP木材加工RB-M2（R）火花认证产品
防水胶合板12＋12
通风椽子H65 455（聚苯乙烯泡沫保温板3类B型50铺设）
结构胶合板12

挡雪块：木材加工后
纤维增强复合塑料
防水涂料W100

防水玻璃钢FRP
面漆涂装

屋檐天花板标高

硅酸钙板6+6

外墙：弹性赖氨酸喷
拉斯砂浆15
通风通道12
透湿防水纸
结构胶合板9

在纤维增强复合塑料施工过程中会产生难闻的味道，提前跟邻居说明很有必要。

排水槽需要看起来和屋顶是一体的，注意形状和安装位置。

※ 符合日本防火区域、准防火区域的法律要求。

　　　　　王子的餐厅（设计、摄影：Umbre –Archiects）

用沥青屋面板
打造木瓦风格屋顶

增加瓦片面板长度，增大屋顶体积！

在父辈们居住的房屋北侧，我们要设计建造一间2m×6m 榻榻米的小房间。让它贴近原本现存房屋的同时，还能拥有独特鲜明的外观。这次，我们在房顶上使用了大量的沥青面板，缩短瓦片面板厚度（增加瓦片面板长度），让它们像木瓦板屋面一样整齐排列。沥青屋顶板即使建在防火隔离带的位置上也可保持传统和风建筑那样的韵味。

房顶在长方形设计基础上呈向下倾斜翻折状，给人一种紧挨原房屋的印象。

【山本成一郎】

图1 倾斜翻折的屋顶 屋顶俯视图【S=1：200】

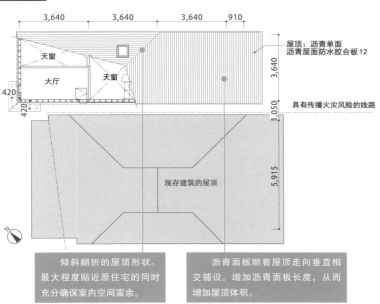

屋顶：沥青单面沥青屋面防水胶合板12

具有传播火灾风险的线路

天窗

大厅

天窗

现存建筑的屋顶

倾斜翻折的屋顶形状。最大程度贴近原住宅的同时充分确保室内空间富余。

沥青面板顺着屋顶走向垂直相交铺设。增加沥青面板长度，从而增加屋顶体积。

左图：屋面顶端，像铜板屋面一样将沥青面板切割利用，铺设成文蛤形状，避免漏水。

右上图：屋顶侧面的样子。沥青面板的叠合增加屋顶体积。

右下图：近屋檐处的样子。檐端用镀铝锌钢材设置了防雪板。

图2 沥青面板与杉木墙板组合使用 东立面图【S=1：200】 北立面图【S=1：200】

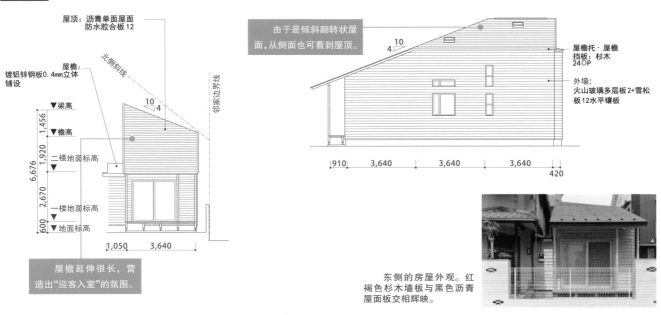

屋顶：沥青单面屋面防水胶合板12

镀铝锌钢板0.4mm立体铺设

屋檐：

北侧斜线

邻家边界线

▼梁高
1,456
▼檐高
1,920
二楼地面标高
6,676
2,670
一楼地面标高
600
▼地面标高

1,050 3,640

屋檐延伸很长，营造出"迎客入室"的氛围。

由于是倾斜翻转状屋面，从侧面也可看到屋顶。

屋檐托·屋檐挡板：杉木240P

外墙：火山玻璃多层板2+雪松板12水平镶嵌

910 3,640 3,640 3,640
420

东侧的房屋外观。红褐色杉木墙板与黑色沥青屋面板交相辉映。

用瓦片打造别样风情住宅

重点在屋面!

这是一个由于道路扩张重建，将原有土窑仓库迁移到他处后重建的案例。

原来的屋顶使用混凝土波形瓦（当初采用的材料不明）铺成，但由于部分瓦片破损，或是漏雨，因此我们将原有瓦片全部撤掉，将腐烂的地垫翻新后，换上防水纸并铺上了新的陶瓷瓦（如图1）。新的陶瓷瓦有一定厚度，雨声几乎不会影响到室内。另外，陶瓷比起金属板产生的辐射热小得多，会使室内更加凉爽。这些优越性能让我们在室内感觉舒适。由于是双坡屋顶，作为外观设计的重点我们设计了两端屋面。
【山本成一郎】

图1 土窑仓库房顶铺设陶瓷瓦 结构图【 S=1：60 】

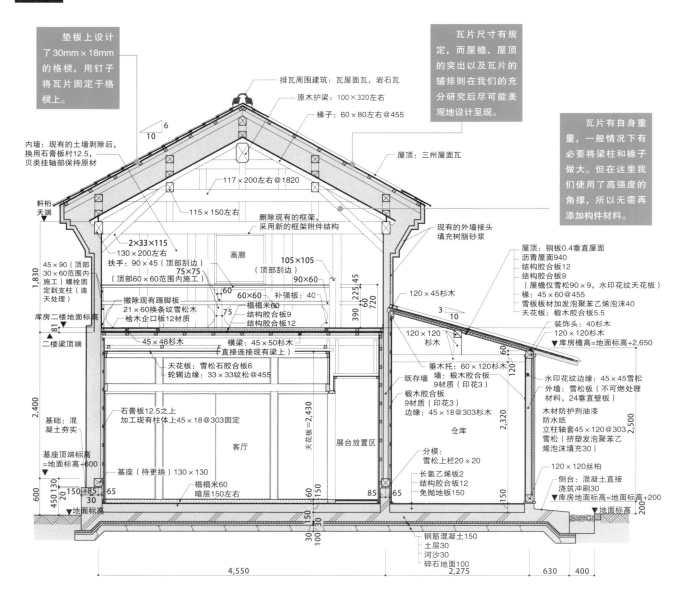

垫板上设计了30mm×18mm的格栅，用钉子将瓦片固定于格栅上。

瓦片尺寸有规定，而屋檐、屋顶的突出以及瓦片的铺排则在我们的充分研究后尽可能美观地设计呈现。

瓦片有自身重量，一般情况下有必要将梁柱和椽子做大。但在这里我们使用了高强度的角撑，所以无需再添加构件材料。

排瓦周围建筑：瓦屋面瓦，岩石瓦
原木护梁：100×320左右
椽子：60×80左右@455
屋顶：三州屋面瓦

内墙：现有的土墙剥除后，换用石膏板衬12.5，贝类挂轴部保持原材

117×200左右@1820
115×150左右

删除现有的框架，采用新的框架附件结构

轩桁
天端

2×33×115
130×200左右
扶手：90×45（顶部刮边）
75×75（顶部60×60范围内施工）
90×60

现有的外墙接头填充树脂砂浆

画廊
105×105（顶部刮边）
90×60

45×90（顶部30×60范围内施工）螺栓固定到支柱（连天处理）

60
60×60
补强板：40
榻榻米60
结构胶合板9
结构胶合板12

撤除现有踢脚板
21×60换条纹雪松木
桧木企口板12材质
75

库房二楼地面标高
81
二楼梁顶端

45×48杉木
横梁：45×50杉木（直接连接现有梁上）

天花板：雪松石胶合板6
轮辋边缘：33×33纹松@455

石膏板12.5之上加工现有木柱体上45×18@303固定

基础：混凝土夯实

基座顶端标高=地面标高+600

基座（待更换）130×130
榻榻米60
暗层150左右

客厅

天花板=2,430

展台放置区

仓库

屋顶：铜板0.4垂直屋面
沥青屋面940
结构胶合板12
结构胶合板9（屋檐仅雪松90×9，水印花纹天花板）
椽：45×60@455
雪板板材加发泡聚苯乙烯泡沫40
天花板：椴木胶合板5.5
装饰头：40杉木
120×120杉木

120×45杉木

120×120杉木

垂木托：60×120杉木

既存墙：椴木胶合板9材质（印花3）
椴木胶合板9材质（印花3）
边缘：45×18@303杉木

分模：雪松上栏20×20
长氯乙烯板2
结构胶合板12
免抛地板150

▼库房檐高=地面标高+2,650

水印花纹边缘：45×45雪松
外墙：雪松板（不可燃处理材料，24层直壁板）
木材防护剂油漆
防水纸
立柱轴套45×120@303
雪松（挤塑发泡聚苯乙烯泡沫填充30）

120×120丝柏
侧台：混凝土直接浇筑冲刷30
▼库房地面标高=地面标高+200

▼地面标高

钢筋混凝土150
土层30
河沙30
碎石地面100

1,830
2,400
600
450 130
20 150 85 65
30
225 45
390
720
60
60 150
60
150
85 65
30
100 30
150
2,320
2,500
200
2,430

4,550
2,275
630
400

图2 楼梯井的设计令二层空间更加开阔　平面图【S=1:200】

原本的房屋是2层建筑，我们将二楼出入口上部地板拆掉后改造成楼梯井。这样二楼便拥有了开阔的楼梯式空间。

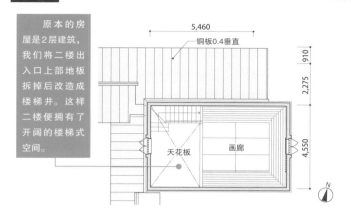

铜板0.4垂直

5,460

910

2,275

4,550

天花板　画廊

N

厕所与储物室不安装在长方形的仓库里，将其移到外部侧房中。

2,275　5,460

石墙：五郎太石排成

雨台：垫河卵石

客用厕所

竹帘

走廊　前厅　客厅

仓库

榻榻米间

910

2,275

4,550

屋顶并未安装雨水管槽，雨落之处是用砂石铺成的，别有韵味。

N

上图：我们可以看到，二层楼梯开始使用了强力的空间角撑结构。内墙壁不再是土墙，在修整固定好横梁的基础上，用横条材料以及石膏板装饰后涂上了油漆。

下图：从二楼那张不用的床拆下的松树木料，将其打磨再用于楼梯处。

图3 房檐下方重点设计出斜面　东立面图【S=1:100】

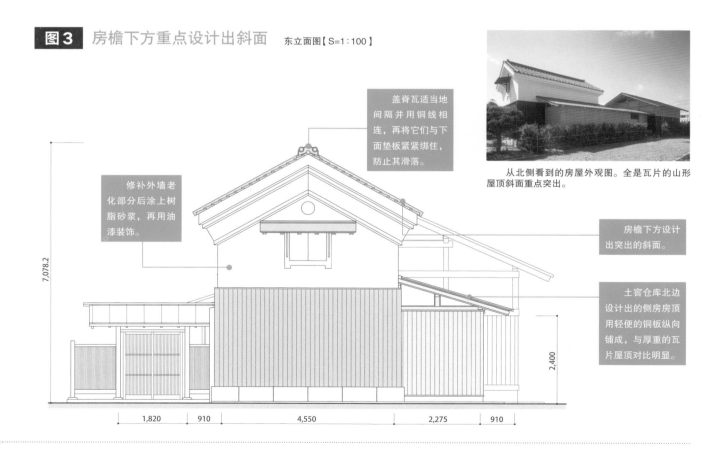

盖脊瓦适当地间隔并用铜线相连，再将它们与下面垫板紧紧绑住，防止其滑落。

修补外墙老化部分后涂上树脂砂浆，再用油漆装饰。

从北侧看到的房屋外观图。全是瓦片的山形屋顶斜面重点突出。

房檐下方设计出突出的斜面。

土窖仓库北边设计出的侧房房顶用轻便的铜板纵向铺成，与厚重的瓦片屋顶对比明显。

7,078.2

2,400

1,820　910　4,550　2,275　910

第

6

章

架构

即使是相同的屋顶形状，也可以通过架构的不同带来各种各样的变化。内部空间的设计也可以结合成本需求自由地构思。在这里，我们介绍一些很有特征的屋顶架构办法，并讲解其配合内部空间的活用案例。

自由调节屋顶及天花板的坡度

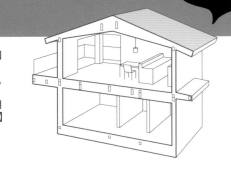

屋顶与天花板有各自的坡度！

像屋顶那样倾斜的天花板可以最大限度地利用室内空间。但是，由于外观原因想要改变屋顶和天花板倾坡度的情况也很多。该案例设计了可以远眺群山的高台。

相比较根据远山山脊线而设计的3.5∶10坡度的屋顶，天花板只有平缓的两坡度，能更好地吸引人们驻足观景（图1）。

为了打造看不到任何建筑材料，线条柔和的室内空间，采用了斜梁式屋顶，用杉木垫板构建出水平面，省掉了斜撑梁（图2、图3）。　　　　　【日影良孝】

图1 斜天花板柔化室内空间线条　剖面图【S＝1:80】

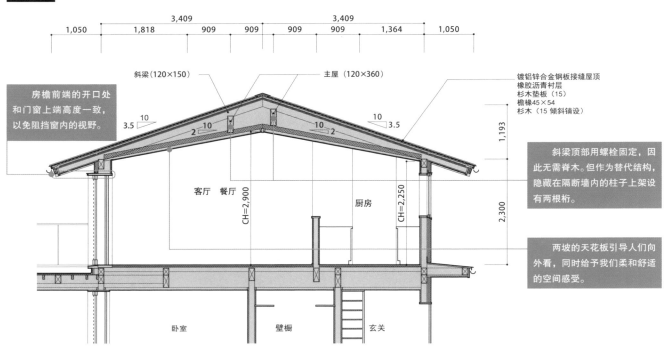

房檐前端的开口处和门窗上端高度一致，以免阻挡窗内的视野。

斜梁（120×150）　主屋（120×360）

镀铝锌合金钢板接缝屋顶
橡胶沥青衬层
杉木垫板（15）
檐椽45×54
杉木（15 倾斜铺设）

斜梁顶部用螺栓固定，因此无需脊木。但作为替代结构，隐藏在隔断墙内的柱子上架设有两根桁。

两坡的天花板引导人们向外看，同时给予我们柔和舒适的空间感受。

客厅　餐厅　CH＝2,900　厨房　CH＝2,250

卧室　壁橱　玄关

3.5　10　10　10　3.5
2　2

1,050　1,818　909　909　909　909　1,364　1,050
3,409　3,409

1,193　2,300

图2 隔断墙缓解压迫感　平面图【S＝1:200】

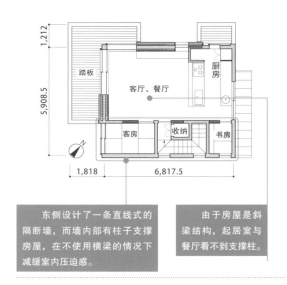

踏板　厨房　客厅、餐厅　客房　收纳　书房

1,212　5,908.5
1,818　6,817.5

东侧设计了一条直线式的隔断墙，而墙内部有柱子支撑房屋，在不使用横梁的情况下减缓室内压迫感。

由于房屋是斜梁结构，起居室与餐厅看不到支撑柱。

室内看不到建筑材料，只有平缓坡度的天花板烘托出内部舒适温馨的生活氛围。

细山町的家（设计、摄影：日影良孝建筑设计工作室）

避免建材外露的有坡度的天花板

如果想直接展现出和屋顶形式一样的有坡度的天花板，有一种办法可以隐去其他建材，避免阻挡视野。在该案例当中，考虑来自外部的视线、斜线限制，以及防渗漏情况，我们将房屋打造成东西长式山形屋顶状，第二层铺设与屋顶倾坡度相同的天花板。在斜梁式山形屋顶建筑中，为了使两房顶斜面有力张开，一般用小房梁将其两侧接连。但本案例使用斜梁、脊木和系紧螺栓构成的系杆，只将它们连接固定，从而省去了小房梁（图1~ 图3）。 【田井干夫】

没有横梁，斜梁和系杆也能完成房屋构建！

图1 没有横梁的斜梁式山形屋顶 屋顶俯视图【S = 1:80】

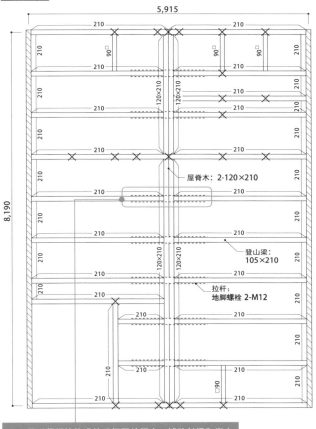

5,915

8,190

屋脊木：2-120×210

120×210

登山梁：105×210

拉杆：地脚螺栓 2-M12

210

90

用系紧螺栓构成的系杆释放压力，辅助斜梁和脊木结构，从而省去了小房梁。

上图：房屋的南面和东面临着道路，整体处于道路拐角处。南面建有公寓，交通流量大，所以我们力求将它打造成东西式隧道样房屋。

下图：从结构上来说，在梁的一面只设置 1 根系杆也是可以的，但是为了制造模糊印象效果，弱化天花板内部隐藏的斜梁，我们采用 2 根系杆支撑。

图3 用系杆缓解压迫感 A 部详图【S = 1:30】

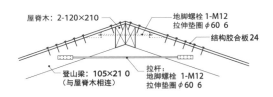

屋脊木：2-120×210
地脚螺栓 1-M12
拉伸垫圈 φ60 6
结构胶合板24
登山梁：105×21 0（与屋脊木相连）
拉杆 地脚螺栓 1-M12
拉伸垫圈 φ60 6

一根系杆在斜梁顶部贯穿脊木，一根系杆贯穿斜梁两斜面。柱子、低横梁用的紧固螺栓提高了房屋安全性，也降低了费用。

图4 让系杆简单可见 剖面图【S = 1:60】

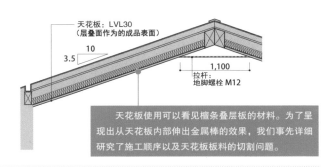

天花板：LVL30（层叠面作为的成品表面）
3.5
10
1,100
拉杆：地脚螺栓 M12

天花板使用可以看见檀条叠层板的材料。为了呈现出从天花板内部伸出金属棒的效果，我们事先详细研究了施工顺序以及天花板板料的切割问题。

用横拉杆打造无横梁房屋结构

动态的无柱式空间！没有横梁！

跟本案例中的别墅建筑一样，很多别墅追求动态空间变化，以此追求与自然的和谐，品味居家的自由。

在这里，由于居住者要求斜梁式山形屋顶、没有小屋梁和短柱类的开阔室内空间，我们设计了可在梁间移动的钢铁制横拉杆 ※。由此，房屋截面无大横梁的超大空间出现了。同时，屋顶侧面设计了三角形开口，视野被东西向大幅度拉长。【井上尚夫】

图1 用斜梁 + 横拉杆替代横梁 剖面图【S = 1:100】

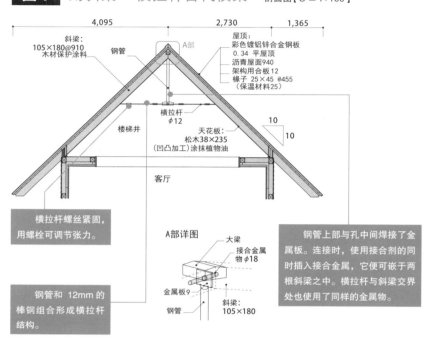

斜梁：
105×180@910
木材保护涂料

钢管

A部

屋顶：
彩色镀铝锌合金钢板
0.34 平屋顶
沥青屋面940
架构用合板12
椽子 25×45 @455
（保温材料25）

横拉杆
φ12

楼梯井

天花板：
松木38×235
（凹凸加工）涂抹植物油

10
10

客厅

横拉杆螺丝紧固，用螺栓可调节张力。

A部详图

大梁

接合金属物 φ18

金属板9

钢管

斜梁：
105×180

钢管和 12mm 的棒钢组合成形成横拉杆结构。

钢管上部与孔中间焊接了金属板。连接时，使用接合剂的同时插入接合金属，它便可嵌于两根斜梁之中。横拉杆与斜梁交界处也使用了同样的金属物。

一楼起居室的通风处可以望向房屋西面。架设的910mm 间隔斜梁 + 横拉杆构成的无小屋梁及横梁房间结构，实现了空间最大化，也在很大程度上开阔了视野。

图2 像〈字一样的弯曲形状 屋顶俯视图【S = 1:300】

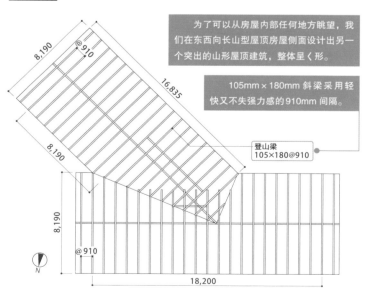

为了可以从房屋内部任何地方眺望，我们在东西向长山型屋顶房屋侧面设计出另一个突出的山形屋顶建筑，整体呈〈形。

105mm × 180mm 斜梁采用轻快又不失强力感的910mm 间隔。

8,190
@910
16,835
8,190
8,190
8,190
@910
18,200

登山梁
105×180@910

N

从二楼多功能室中央，两个交叉山型屋顶处向东看。横拉杆和斜梁喷涂的近黑色茶色漆料，使得屋顶侧面的高侧窗采光极其引人注目。

※ 用钢材等连接而成的张力构件。

三笠大道的别墅2（设计：井上尚夫综合设计事务所 / 摄影：新摄影工房 崛内广治）

用钢筋屋脊
实现大跨距

　　纯木造，一般梁间方向的跨度为2~2.5m。即使地基很大，还是无法脱离木造的尺度限制。

　　本案例中，在宽广的地基上，建造了一栋四角屋顶的房子，在上面做一个小坡面屋顶。

　　餐厅、客厅上的H型钢屋脊隐藏在天顶内，实现无柱大空间。让内部的坡度到屋檐连接屋脊顶端的下部采用FIX窗户，显现出向外延伸的宽阔感。

【藤原昭夫】

图1　用H型钢屋脊实现跨度　屋顶俯视图【S = 1:150】

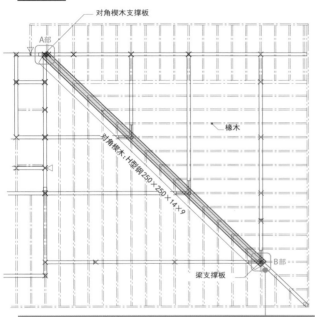

对角楔木支撑板

A部

对角楔木：H型钢250×250×14×9

椽木

梁支撑板

B部

钢筋的屋脊与木材部连接部分的稳定需要费一些功夫。另外屋脊的前端是连接通往到外墙的一部分的，需要有散热对策。

A部剖面详图 【S = 1:15】

柱：□105
对角楔木支撑板
螺栓M12

H型钢

将平形钢焊接成盒子状，包住柱子，用H型钢和螺丝固定连接。

B部剖面详图 【S = 1:15】

H型钢
现场吹装发光棉

CT钢
125×125×9×6

屋檐横梁下插入CT钢，与H型钢进行焊接，防止变形。在H型钢的前端，用泡沫树脂隔热。

图2　无柱子的大空间　一楼平面图【S = 1:200】

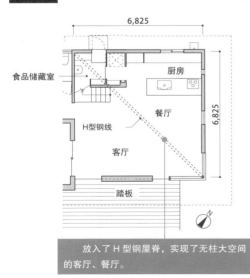

6,825
6,825

食品储藏室
厨房
餐厅
H型钢线
客厅
踏板

放入了H型钢屋脊，实现了无柱大空间的客厅、餐厅。

带有3寸高差坡屋顶的客厅、餐厅的顶棚。张贴小块的木质贴纸装饰。水平延伸的屋顶也用同样材料装饰，呈现出内外连接的空间。

用插入钢筋的登山梁实现大空间

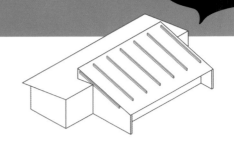

实现没有柱子的大空间。

如果要建造一个没有柱子和横构架的客厅，那么它的屋顶架构的斜梁的截面就会达到300mm以上，显露在外时，难以给人很轻快的感觉。

本案例是在两室一厅上架设缓斜面的一面坡屋顶，通过将用2条210mm的LVL胶合板夹住的扁钢作为斜梁，控制斜梁的稳定性，并向梁间方向伸出约5.4m的跨距。扁钢厚6mm，做成外露形也不会引人注目。　　　　　【关本龙太】

图1　单板层积材与扁钢的双混合梁　屋顶俯视图【S＝1：150】

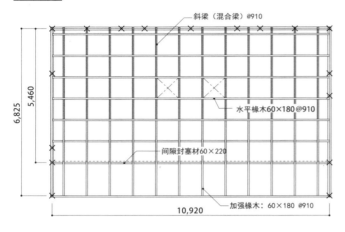

- 斜梁（混合梁）@910
- 水平椽木60×180 @910
- 间隙封塞材60×220
- 加强椽木：60×180 @910
- 6,825
- 5,460
- 10,920

登山梁断面详细图【S＝1:8】

- 30 ×210（落叶松LVL胶合板）双层
- FB-6×200
- M8 @910 装饰螺母

通过用单板层积材夹定，抑制住了扁钢的歪曲扭曲。

扁钢很容易被处理成本案例中一样的超过5m长的物体。而且像这样的双重混合梁，跟H型钢比起来更简洁，也不会有太多需要特殊处理的细节问题。

上图：外观。两片一面坡屋顶互相作用【单坡檐屋】。

下图：客厅是铺了和3寸高差坡屋顶的一样的天顶，910mm间距上架设的登山梁做成了露出型。

图2　不露出胶合板的梁托　剖面图【S＝1：40】

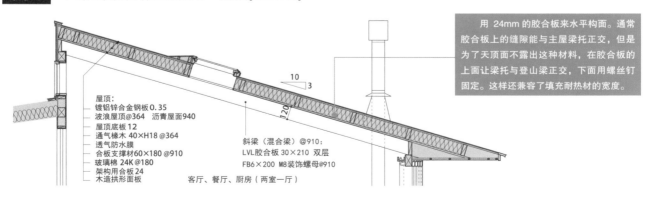

用24mm的胶合板来水平构面。通常胶合板上的缝隙能与主屋梁托正交，但是为了天顶面不露出这种材料，在胶合板的上面让梁托与登山梁正交，下面用螺丝钉固定。这样还兼容了填充耐热材的宽度。

屋顶：
- 镀铝锌合金钢板0.35
- 波浪屋顶@364　沥青屋面940
- 屋顶底板12
- 通气椽木 40×H18 @364
- 透气防水膜
- 合板支撑材60×180 @910
- 玻璃棉24K @180
- 架构用合板24
- 木造拱形面板

10
3
120

斜梁（混合梁）@910：
LVL胶合板 30×210 双层
FB6×200 M8装饰螺母@910

客厅、餐厅、厨房（两室一厅）

缓斜面的家（设计：RIOTA 设计／摄影：新泽一平）

用装饰梁
做和式屋顶的架构

架设 6 寸坡面的人字形屋顶，除了内部做垂木露出型，还可以架设装饰梁，来变现和风小屋架构。这个装饰梁不做构造材料，而且从上部垂木檐木用直径 12mm 的圆钢吊着。装饰梁支撑着格窗的玻璃，同时也做了拉门的梁。

【关本龙太】

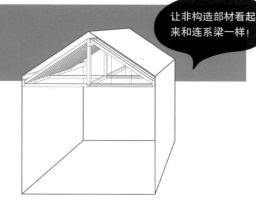

让非构造部材看起来和连系梁一样！

图1 把装饰梁像木材一样用

图1 把装饰梁像木材一样用

屋顶俯视图【S＝1：120】

- 装饰梁
- 装饰梁
- 玻璃固定槽（上端）
- 建具用缝隙（下端）
- 玻璃固定槽（上端）（下端）
- 玻璃固定槽（上端）
- 建具用缝隙（下端）
- 吊杆 φ12 OP
- 玻璃固定槽（上端）建具用缝隙
- 建具用缝隙（上端）
- 玻璃固定槽（上端）
- 吊杆 φ12 OP
- 吊杆 φ12 OP

8,190

5,460

在跨距的下梁之间各设置 3 根装饰梁。跨距上的装饰梁从檐木开始，梁之间的从垂木开始，都用圆钢吊着。

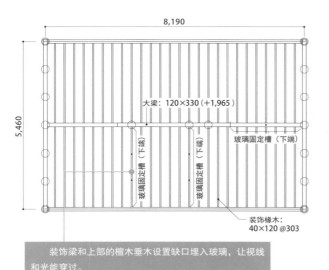

8,190

5,460

- 大梁：120×330（+1,965）
- 玻璃固定槽（下端）
- 玻璃固定槽（下端）
- 玻璃固定槽（下端）
- 装饰椽木：40×120 @303

装饰梁和上部的檐木垂木设置缺口埋入玻璃，让视线和光能穿过。

图2 用圆钢吊垂木

部分详图【S＝1：5】

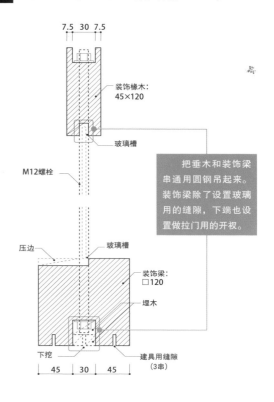

7.5 30 7.5

- 装饰椽木：45×120
- 玻璃槽
- M12螺栓
- 压边
- 玻璃槽
- 装饰梁：□120
- 埋木
- 下挖
- 建具用缝隙（3串）

45 30 45

把垂木和装饰梁串通用圆钢吊起来。装饰梁除了设置玻璃用的缝隙，下端也设置做拉门用的开梭。

120mm 的装饰梁做连系梁，截面用小材料，会有一种轻快感。

用 LVL 梁 支撑平屋顶

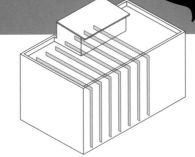

方柱和梁接连的构架!

面向建筑物外围的天花板通常需要用到抗风压的耐风梁,开口也必须设计成能够避开风力。

本案例中,为了在有天花板的墙面高处设置多个开口,并在平屋顶形状的基础上立起多个 LVL 方柱,从而省略耐风梁,由此实现了自由的开口计划。

平屋顶的梁使用的是与方柱同材质的 LVL,因此墙的方柱与天花板的梁成为接连的构架。【北野博宣】

图1 接连铺设到天花板的方柱 断面图【S=1:120】

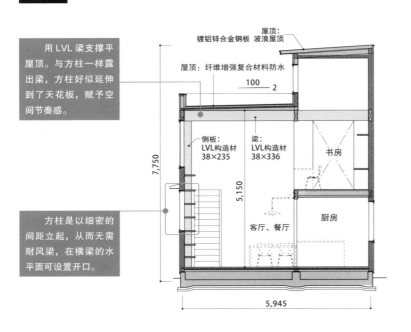

用 LVL 梁支撑平屋顶。与方柱一样露出梁,方柱好似延伸到了天花板,赋予空间节奏感。

方柱是以细密的间距立起,从而无需耐风梁,在横梁的水平面可设置开口。

屋顶:镀铝锌合金钢板 波浪屋顶
屋顶:纤维增强复合材料防水
100
2
侧板:LVL构造材 38×235
梁:LVL构造材 38×336
书房
7,750
5,150
客厅、餐厅
厨房
5,945

从墙到天花板是接连的 LVL。在墙面上与方柱垂直相交地插入 LVL,使整面墙成为一个大型收纳架。

图2 改变间距,与开口相对应 剖面图【S = 1:120】

方柱、梁的间距在开口部分为 63mm,墙面部分为 67mm。

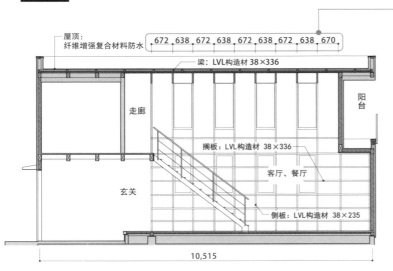

屋顶:纤维增强复合材料防水
672 638 672 638 672 638 672 638 670
梁:LVL构造材 38×336
走廊
阳台
搁板:LVL构造材 38×336
客厅、餐厅
玄关
侧板:LVL构造材 38×235
10,515

上梁时的横梁部分。横梁上有与梁的厚度相符的缺口,方柱的上段分别在预割阶段进行了榫头加工。

藤泽之家 (设计、现场摄影:北野博宣建筑设计事务所 / 摄影:小川重雄)

形似百叶窗的
登山梁

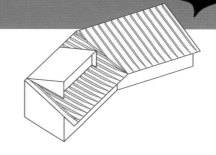

采用露梁的话，可以形成开放的动态空间。这种情况下，除了充分研究登山梁的尺寸和间距，还要保证不在登山梁和横梁的对合处露出金属物，须对节点下功夫。

本案例中，与地基的倾斜相应架设的单坡屋顶呈〈形弯曲。在内部，以细小间距架设的登山梁像百叶窗一样，展现出节奏感和轻快感。在横梁的节点使用了配有黏合剂的金属物，是一种优美的结合。　　【望月新】

图1　形似百叶窗的登山梁　屋顶俯视图【S=1:150】

登山梁使用的是切口平滑且强度高的LVL材质，在这里，1间 (1,820mm) 以5等份分割成364mm间距，通过细致的接连，显得屋顶很轻巧。

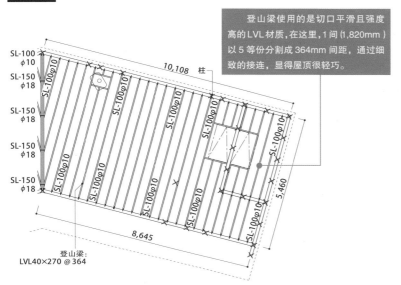

SL-100 φ10
SL-150 φ18
SL-150 φ18
SL-150 φ18
SL-150 φ18

10,108　柱
5,460
8,645

登山梁：
LVL40×270 @364

对应向南倾斜的地基，架设了2.5寸梯度的单坡屋顶。天花板面是连续的露梁，并在地面上设置台阶，流畅地区分开居室 (前) 和餐厅 (内)。

图2　与横梁的节点处避免可见金属件　断面详图【S＝1:20】

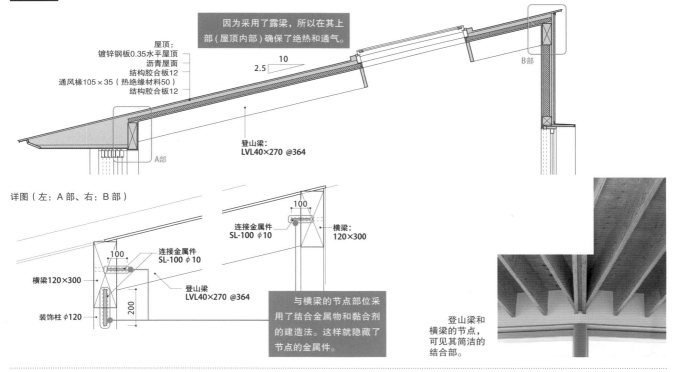

因为采用了露梁，所以在其上部 (屋顶内部) 确保了绝热和通气。

屋顶：
镀锌钢板0.35水平屋顶
沥青屋面
结构胶合板12
通风椽105×35 (热绝缘材料50)
结构胶合板12

10
2.5

B部

A部

登山梁：
LVL40×270 @364

详图 (左：A部、右：B部)

100
连接金属件
SL-100 φ10

横梁：
120×300

100
连接金属件
SL-100 φ10

横梁120×300

登山梁：
LVL40×270 @364

装饰柱φ120

200

与横梁的节点部位采用了结合金属物和黏合剂的建造法。这样就隐藏了节点的金属件。

登山梁和横梁的节点，可见其简洁的结合部。

变形剪式桁架
构成个性化大空间

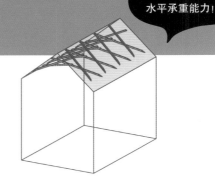

使梁立体交叉，提高水平承重能力！

　　剪式桁架的拉伸材料立体交叉而形成的扭曲桁架，实现了最小化支柱和间隔的大空间（图1）。桁架看似复杂，但实际上是斜材呈人字形相互交叉的简单结构（图2）。斜材立体交叉，相比通常的剪式桁架，更能提高水平抗力。

　　登山梁和斜材的节点变得立体，制作基本单位为一间分的原尺寸大模型，共用各榫的节点后开始施工（图3），既延续了传统屋顶结构的伸展性，也产生了结构更加坚固、形象更加新颖的构架。　　　　　　　　　　【佐藤宏尚】

图1 立体交叉的拉伸材料　　断面图【S=1：200】　　断面图【S=1：200】

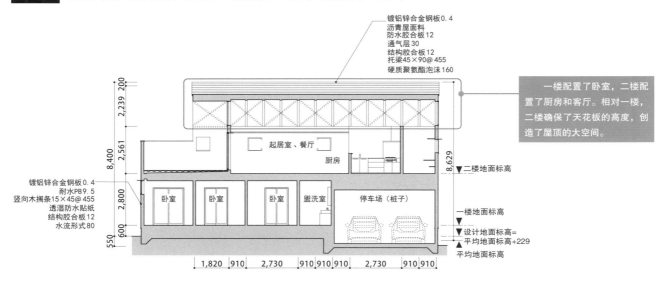

镀铝锌合金钢板0.4
沥青屋面料
防水胶合板12
通气层30
结构胶合板12
托梁45×90@455
硬质聚氨酯泡沫160

一楼配置了卧室，二楼配置了厨房和客厅。相对一楼，二楼确保了天花板的高度，创造了屋顶的大空间。

起居室、餐厅

厨房

镀铝锌合金钢板0.4
耐水PB9.5
竖向木搁条15×45@455
透湿防水贴纸
结构胶合板12
水流形式80

卧室　卧室　卧室　盥洗室

停车场（桩子）

▼二楼地面标高
▼一楼地面标高
▼设计地面标高=
平均地面标高+229
平均地面标高

200　200
2,239
2,561
8,400
2,800
600
550

8,629

1,820　910　2,730　910 910 910　2,730　910 910

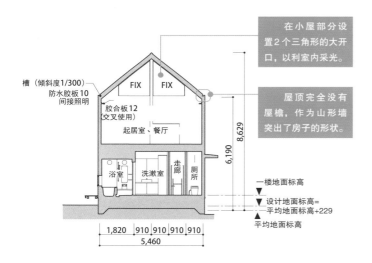

在小屋部分设置2个三角形的大开口，以利室内采光。

屋顶完全没有屋檐，作为山形墙突出了房子的形状。

槽（倾斜度1/300）
防水胶板10
间接照明

FIX　FIX

胶合板12
交叉使用）

起居室、餐厅

浴室　洗漱室　走廊　厕所

一楼地面标高
▼设计地面标高=
平均地面标高+229
平均地面标高

8,629
6,190

1,820　910 910 910 910
5,460

上图：通过用白色天花板遮盖并列配置的登山梁，突出了具有特征的立体结构的轮廓。

下图：在屋檐的线上设置间接照明，使桁架能够产生阴影。

图2 斜材用毽子板、螺丝钉和芯轴固定　轴线图【S＝1：100】

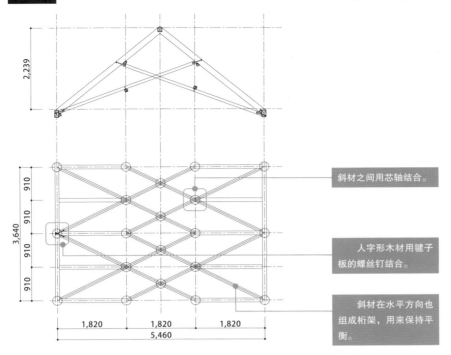

斜材之间用芯轴结合。

人字形木材用毽子板的螺丝钉结合。

斜材在水平方向也组成桁架，用来保持平衡。

对一部分空间设置原尺寸模型。在这种原尺寸的大模型中，对于结合部分的协调进行验证。

图3 二楼没有柱子的大空间　平面图【S＝1：200】

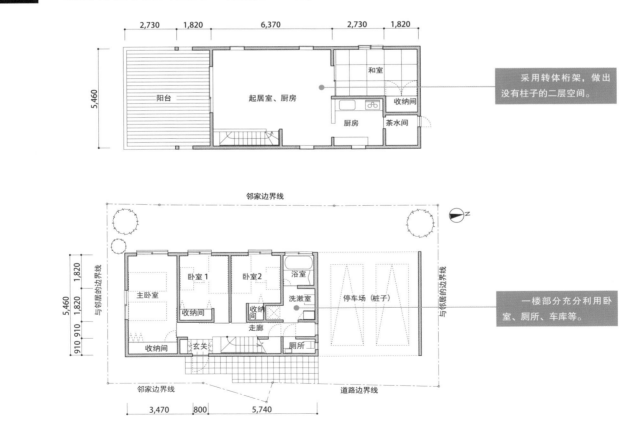

采用转体桁架，做出没有柱子的二层空间。

一楼部分充分利用卧室、厕所、车库等。

给门前通道增添趣味的桁架屋顶

在桁架结构外露处增添表现力的方法!

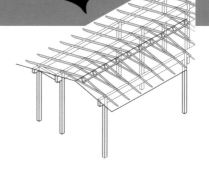

　　从活用小屋空间确保天花板的高度看来,近年洋房倾向于减少屋顶的利用。但是我想在屋顶上展示一个美丽的连续桁架,而不是一个居住空间。

　　本案例是给全长约12m的门前通道上架设桁架构造的屋顶。外露的框架在屋顶背面创造出轻盈而有节奏的阴影。主屋以钢筋混凝土来架设人字形屋顶东西结合的构造。因为这个门前通道是面对茶室的,所以表现出了强烈的和风。

【井上尚夫】

图1　桁架架构外露的门前通道屋　　小屋详图［S＝1：10］

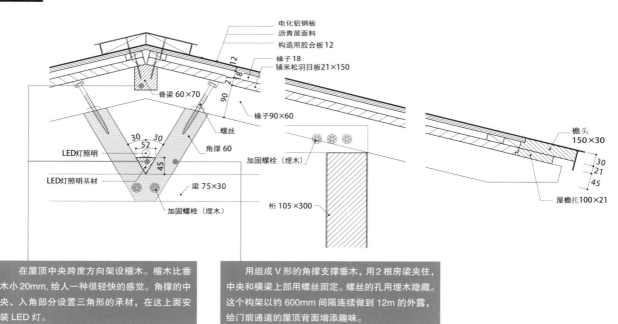

电化铝钢板
沥青屋面料
构造用胶合板12
椽子18
铺米松羽目板21×150
脊梁60×70
椽子90×60
螺丝
角撑60
加固螺栓(埋木)
LED灯照明
LED灯照明基材
梁75×30
加固螺栓(埋木)
桁105×300
檐头150×30
30
21
45
屋檐托100×21

　　在屋顶中央跨度方向架设檐木。檐木比垂木小20mm,给人一种很轻快的感觉。角撑的中央、入角部分设置三角形的承材,在这上面安装LED灯。

　　用组成V形的角撑支撑垂木,用2根房梁夹住,中央和横梁上部用螺丝固定。螺丝的孔用埋木隐藏。这个构架以约600mm间隔连续做到12m的外露,给门前通道的屋顶背面增添趣味。

图2　用作候客室的屋檐下空间　　一楼平面图【S＝1：250】

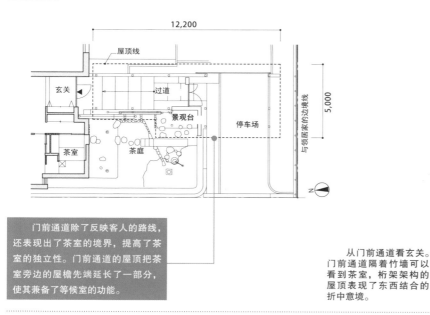

屋顶线
玄关
过道
景观台
停车场
茶室
茶庭
12,200
5,000
与领居家的边境线
N

　　门前通道除了反映客人的路线,还表现出了茶室的境界,提高了茶室的独立性。门前通道的屋顶把茶室旁边的屋檐先端延长了一部分,使其兼备了等候室的功能。

　　从门前通道看玄关。门前通道隔着竹墙可以看到茶室,桁架架构的屋顶表现了东西结合的折中意境。

有百日红之家（设计：井上尚夫综合设计事务所／摄影：Viebraphoto 浅田美浩）

在两层楼的偏房
将光送到屋檐下

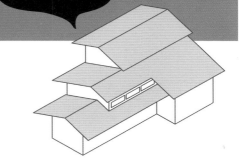

设计深深地屋檐，形成明亮舒心的空间！

　　想要有一个舒适的走廊，低矮、深邃的屋檐空间是不可或缺的。我们想在二楼也建造这样一个走廊。虽然可以选择在走廊部分建造偏房，但是当偏房屋檐伸出来，内部的光线就会比较差，以至于走廊形成昏暗的空间。

　　本案例是在大平屋上的一部分地方建造2楼的人字形屋顶的住宅（图1）。在有走廊的平屋部分伸出深檐能使内部也能有很好的光照。在一楼和二楼的中间插入一楼人字形屋顶，并在墙面上安装高窗采光（图2）。　　　　　　　　　【大岛健二】

图1　将人字形屋顶重叠来压低屋檐　屋顶俯视图【S=1:200】

平屋的人字形屋顶，高度为2100mm的玄关房檐和深度为1200mm的廊檐。

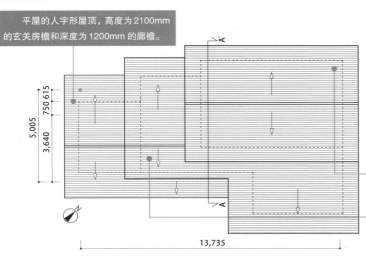

5,005
750 615
3,640
13,735

外观。通过建造低矮、深邃的屋檐空间，形成一种和式风格。深檐通过木制和泥瓦等材料与柔软的外墙材料相结合，能起到保护外墙的作用。

两层的人字形屋顶。只是部分两层的话，需要确保一定的体积。

中间的人字形屋顶。安装了高窗采光的人字形屋顶，在深邃的走廊里也能采光。

图2　在中间建造偏房，用高窗采光的方式采光　A-A '断面图【S=1:80】

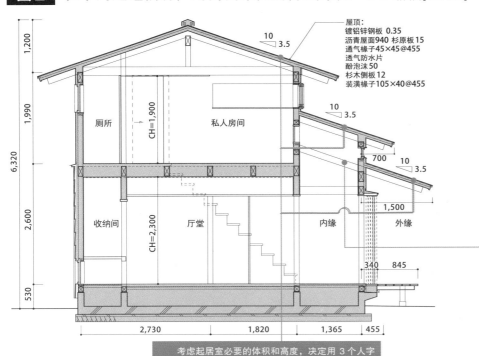

1,200
1,990
6,320
2,600
530
CH=1,900
CH=2,300

厕所
私人房间
收纳间
厅堂
内缘
外缘

10　3.5
10　3.5
700　10　3.5
1,500
340　845

屋顶：
镀铝锌钢板 0.35
沥青屋面940 杉原板15
通气椽子45×45@455
透气防水片
酚泡沫50
杉木侧板12
装潢椽子105×40@455

2,730　1,820　1,365　455

考虑起居室必要的体积和高度，决定用3个人字形屋顶的坡度来营造出房檐的深度。

从走廊可以看见和室。重叠人字形屋顶建造房间，能产生内部和外部的中间区域，以便建造出日式空间。

在没有支柱却有大屋檐伸出的区域，用椽子贯通支撑到室内是很有必要的。用105mm×40mm的细长椽子(455mm齿距)一直延伸到最里面。

副椽在下层也会露出来

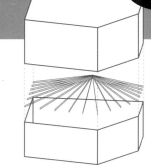

　　副椽架设在天花板上，给人一种豁然开朗的印象。但是，如果把二楼空间作为像一楼一样的起居室时，就不能将倾斜的屋顶材料镂空架设，需要在天花板的改造上下功夫。

　　在本案例中，为了有和周围绿地是一体的感觉，计划将这座两层建筑的一层作为起居室。在起居室的天花板上安装呈放射状的副椽，看起来就像是在屋顶下方一样的感觉（图1）。副椽与绿地相连接的开口部分缓缓地倾斜，将视线向外引导，使视线开阔（图2）。　　　　　　　　　　　【西久保毅人】

图1 向开口地方架构一个呈放射状的装潢梁　一楼天花板俯视图【S=1：100】

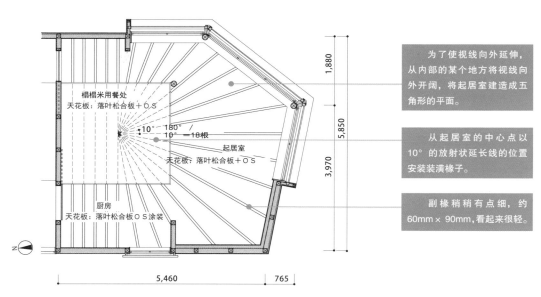

为了使视线向外延伸，从内部的某个地方将视线向外开阔，将起居室建造成五角形的平面。

从起居室的中心点以10°的放射状延长线的位置安装装潢椽子。

副椽稍稍有点细，约60mm×90mm，看起来很轻。

图2 梁木的倾斜引导视线　断面图【S=1：150】

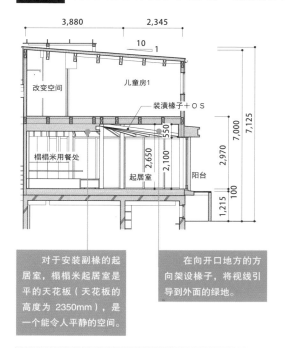

对于安装副椽的起居室，榻榻米起居室是平的天花板（天花板的高度为2350mm），是一个能令人平静的空间。

在向开口地方的方向架设椽子，将视线引导到外面的绿地。

从起居室能看到外面的绿地。天花板是黑色的涂装，是冷静的色调，看起来像是副椽漂浮着似的。

三轮的家（设计、摄影：Niko 设计室）

使副椽
看起来更美的方法

不花费成本表现宽敞的空间！

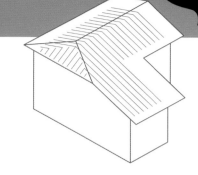

　　带有屋顶坡度的天花板住宅，把椽子和梁木露出来，建造一个有生气的空间。但是，如果要用没有节点的木材完成，则需要处理好绝热和通气，那么材料费和施工费就会很高。

　　在这种空间，想要控制成本的话，就可以像本案例一样将实际的椽子隐藏在天花板里面，我们也可以探讨使副椽看得见的方法。只是，不能完全给人一种"取下来了"的感觉，所以需要在副椽的尺寸和天花板的可见之处上下功夫。　【泉幸甫】

图1　使副椽看起来更有"质感"　天花板俯视图【S=1：150】

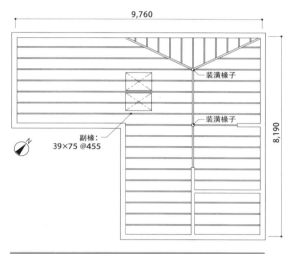

装潢椽子

装潢椽子

副椽：
39×75 @455

屋顶顶部正下面的起居室，北侧（照片里）是用斜线界限的阴影形成的四方形屋顶。副椽也与之相合而改变方向，使空间的韵律产生了变化。

真正的椽子看起来像是从天花板处伸出来似的，这里用39mm×75mm的杉木配置455mm的齿距，用隐形钉钉住。

图2　大屋顶、副椽　断面图【S=1：100】

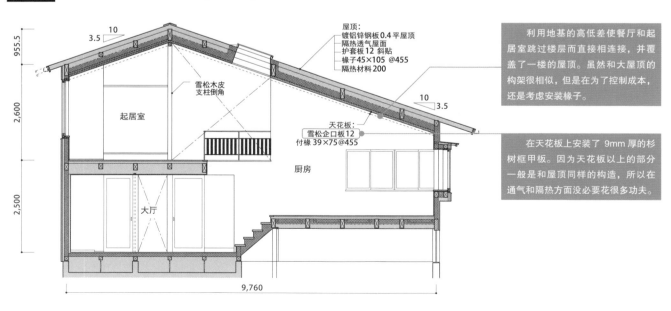

屋顶：
镀铝锌钢板0.4平顶板
隔热透气屋面
护套板12 斜贴
椽子45×105 @455
隔热材料200

雪松木皮
支柱倒角

起居室

天花板：
雪松企口板12
付椽 39×75 @455

厨房

大厅

利用地基的高低差使餐厅和起居室跳过楼层而直接相连接，并覆盖了一楼的屋顶。虽然和大屋顶的构架很相似，但是在为了控制成本，还是考虑安装椽子。

在天花板上安装了 9mm 厚的杉树框甲板。因为天花板以上的部分一般是和屋顶同样的构造，所以在通气和隔热方面没必要花很多功夫。

使山墙端缘
视觉上变薄的方法

用水平椽子将单坡顶变得简约漂亮！

在用单坡顶在人字形屋顶一面建立主立面的情况下，边缘的直观印象将会给房屋外观带来很大的影响。

本案例是靠近海岸线安静的住宅区的房子，我们从二楼可以看见大海。为了符合这里的氛围，架设了像是从天空倾斜般的直线4寸坡度的单坡顶屋顶，使成为主立面的西侧人字形屋顶看起来尽可能简约。这里的山形墙体封檐板不能太厚，而且主屋不能从外墙延伸出来，所以要让边缘处水平椽子呈流动状态。

【望月新】

图1 主屋不会从外墙延伸出来 屋顶俯视图【S＝1：100】

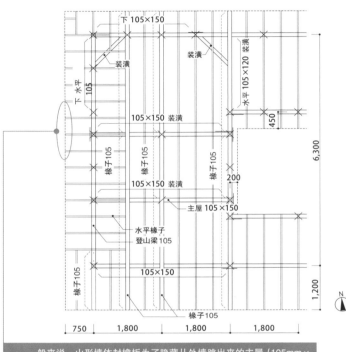

一般来说，山形墙体封檐板为了隐藏从外墙跳出来的主屋（105mm×150mm），尺寸会变厚。在这里，将主屋在外墙线的前面停下，代替主屋在水平椽子跳出来的地方使山墙端缘伸出来。

西侧的主立面。像斜线等法律限制比较宽松，所以能建设深邃、简约的屋檐伸出来的单坡屋顶。将山形墙体封檐板的可见尺寸控制在120mm，就会形成一片能够承载薄薄屋板的屋顶。

图2 控制山形墙体封檐板的可见尺寸 山墙端缘详图【S=1:12】

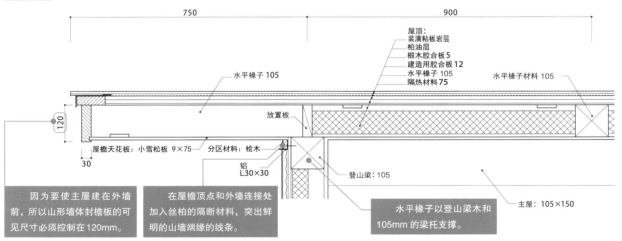

因为要使主屋建在外墙前，所以山形墙体封檐板的可见尺寸必须控制在120mm。

在屋檐顶点和外墙连接处加入丝柏的隔断材料，突出鲜明的山墙端缘的线条。

水平椽子以登山梁木和105mm的梁托支撑。

采用房屋跨度比较大的人字形屋顶
能将檐头建造得细长

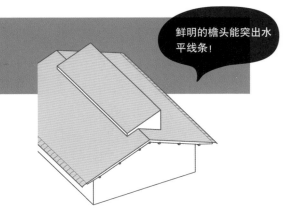

鲜明的檐头能突出水平线条！

　　人字形屋顶的平屋，能使檐头看起来比较鲜明突出，需要在细节上下功夫。本案例中，是一个沿着房檐方向有长长的人字形屋顶的平屋。为了强调平侧房檐的水平线条，将在房檐顶点处露出来的椽子倾斜并削得细长，并且在椽子的顶端架设加工过的宽板条，使檐头看起来薄薄的。

　　屋顶的最后一道工序是用紫黄色的铜板铺就的房顶，建造仅仅只有420mm的檐头的平房顶，使之成为一个缓和的曲面，突出檐头的细长。　　【濑野和广】

图1　使屋檐低低的伸出来　断面图【S=1:100】

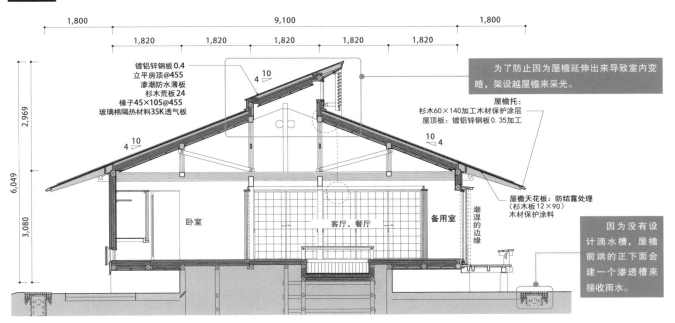

镀铝锌钢板0.4
立平房顶@455
渗潮防水薄板
杉木荒板24
椽子45×105@455
玻璃棉隔热材料35K透气板

1,800　9,100　1,800
1,820　1,820　1,820　1,820　1,820

4　10
10　4

2,969
6,049
3,080

卧室　客厅、餐厅　备用室

潮湿的边缘

为了防止因为屋檐延伸出来导致室内变暗，架设越屋檐来采光。

屋檐托：
杉木60×140加工木材保护涂层
屋顶板：镀铝锌钢板0.35加工

屋檐天花板：防结露处理
（杉木板12×90）
木材保护涂料

因为没有设计滴水槽，屋檐前端的正下面会建一个渗透槽来接收雨水。

图2　使檐头看起来薄薄的　檐头详图【S=1:10】

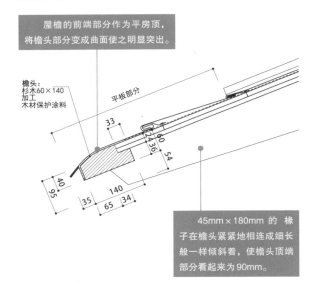

屋檐的前端部分作为平房顶，将檐头部分变成曲面使之明显突出。

檐头：
杉木60×140
加工
木材保护涂料

平板部分

33
60　24　36　54
40
95
35　140　65　34

45mm×180mm的椽子在檐头紧紧地相连成细长般一样倾斜着，使檐头顶端部分看起来为90mm。

外观。在稍稍倾斜的地方会因地基较高影响高房屋的外观，但延伸出来的屋檐会包裹整个房屋。深深的屋檐将保护木质材料的外墙不被风雨侵蚀。

用自然材料
搭建美丽屋顶

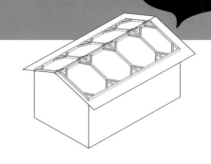

不使用结构胶合板来
确保水平构造面！

在需要重视自然材料的情况下，使用结构胶合板难以确保屋顶的水平构造面。这种情况下，则需使用倾斜的火打梁（水平隅撑）和最好没有黏合剂的胶合板等材料（图1~图3）。显露出来的登山梁和屋面板，能塑造出充满自然建材质感的空间。

若是想在外观上也营造出这种质感，则可以采用在天花板和山墙两端显露屋面板的方法。　　　　　　　　　　　　　　　　　【田中敏溥】

图1　用倾斜的火打梁来确保水平构造面　　屋顶构架图【S=1:120】　　断面图【S=1:30】

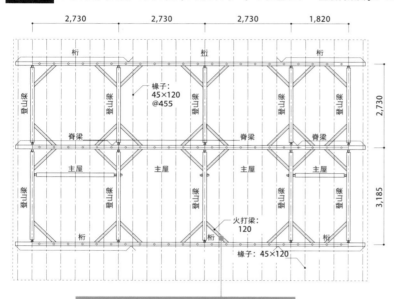

契合屋顶横梁和大梁倾斜着安置火打梁，不使用结构胶合板来确保水平构造面。

登山梁
脊梁
主屋
火打梁：120
椽子：45×120
桁
椽子：45×120 @455

这栋住宅的二楼是根据构造的格局用心规划的方案，因此露出的火打梁在视觉上也不会显得突兀。

隔热材料也优先采用自然材料，使用非石油产品的树皮隔热材料作为外层隔热，在天花板上露出杉木板。

屋顶：
镀铝锌合金钢板 0.4 平铺
透湿防水板
树皮隔热材料15
屋面板15
通气椽子 45×60@455（空气层20）
树皮隔热材料40
屋面板杉木板15
椽子 杉木 45×120@455

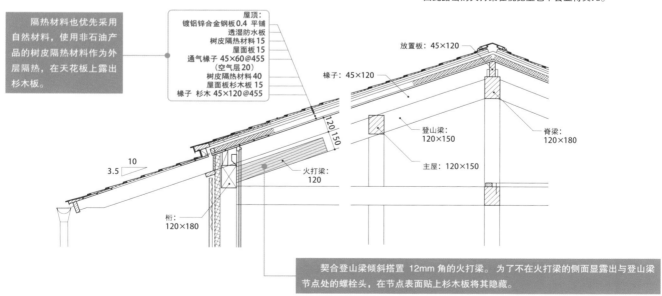

放置板：45×120
椽子：45×120
登山梁：120×150
脊梁：120×180
主屋：120×150
火打梁：120
桁：120×180

契合登山梁倾斜搭置 12mm 角的火打梁。为了不在火打梁的侧面显露出与登山梁节点处的螺栓头，在节点表面贴上杉木板将其隐藏。

广岛的家（设计：田中敏溥建筑设计事务所／摄影：垂见孔士）

图2 使用杉木积层板确保水平构造面

断面图【S＝1：50】

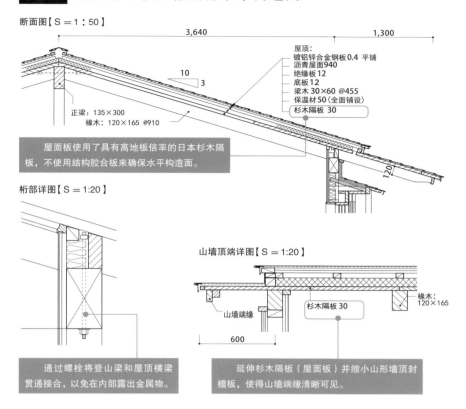

屋顶：
镀铝锌合金钢板 0.4 平铺
沥青屋面 940
绝缘板 12
底板 12
梁木 30×60 @455
保温材 50（全面铺设）
杉木隔板 30

正梁：135×300
椽木：120×165 @910

3,640　　1,300

10
3

120

> 屋面板使用了具有高地板倍率的日本杉木隔板，不使用结构胶合板来确保水平构造面。

桁部详图【S＝1：20】

山墙顶端详图【S＝1：20】

山墙端缘
杉木隔板 30
椽木：120×165

600

在这个住宅中，为了使二楼的起居室看起来开阔，将兼作椽子的登山梁和构成水平构造面的锯齿板都显露出来，表现出强有力的架构。

> 通过螺栓将登山梁和屋顶横梁贯通接合，以免在内部露出金属物。

> 延伸杉木隔板（屋面板）并缩小山形墙顶封檐板，使得山墙端缘清晰可见。

图3 延伸大梁和屋顶横梁使得山墙端缘清晰可见

屋顶俯视图【S＝1：100】

正梁：120×210
斜梁　　斜梁
主屋：120×180　主屋：120×180
椽木：45×120 @455
椽木：45×180
屋檐：120×180　屋檐：120×180

910　910

6,660

> 使大梁和屋顶横梁延伸910mm，显现出山墙端缘。

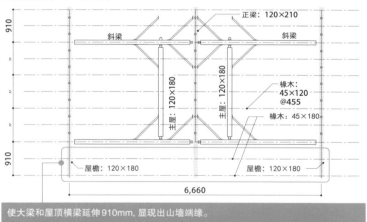

这个住宅的山墙端缘就超出了许多，没有铺设天花板，直接将屋面板显露在外，清晰可见。

大梁详图【S＝1：25】

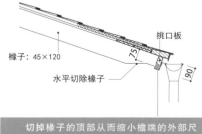

挑口板
椽子：45×120
水平切除椽子
75
90

> 切掉椽子的顶部从而缩小檐端的外部尺寸。如此一来，契合挑口板、围绕山墙端缘的封檐板也会变小，山墙端缘看起来会更轻巧。

山墙顶端【S＝1：25】

隔断材料：杉木 30×75（镀铝锌钢卷）
455　455　455
楔子：杉木 60
椽子：45×120
铝隔断材
屋檐线
山墙端椽
椽子：45×180

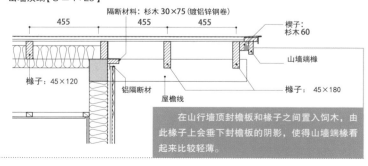

> 在山行墙顶封檐板和椽子之间置入饲木，由此椽子上会垂下封檐板的阴影，使得山墙端椽看起来比较轻薄。

湘南之家（设计：田中敏溥建筑设计事务所 / 摄影：垂见孔士）
稻泽之家（设计：田中敏溥建筑设计事务所 / 摄影：垂见孔士）

理解屋顶·阁楼理论的85个关键词

作者简介

浅利幸男
Love Architecture

1969年生于东京。1994年毕业于武藏野美术大学造型学部建筑学科。1996年完成芝浦工业大学建筑科硕士学业。就职于相和技术研究所，2001年创立Love Architecture。

赤坂真一郎
赤坂真一郎工作室

1970年生于北海道。1993年毕业于北海学院大学工学部建筑科，同年入职于中井实建筑研究所。2000年创立工作室。

饭塚丰
i+i设计事务所

1966年生于东京。1990年毕业于早稻田大学理工学部建筑学科。先后就职于都市设计研究所、大高建筑设计事务所。2004年创立i+i设计事务所。2011年开始担任政法大学设计工学部兼任讲师。

石黑隆康
Builtlogic

1970年生于神奈川县。1993年毕业于日本大学生产工学部建筑学专业。1995年在同一大学完成工学部研究科学业，同年年入职奥村珪一建筑设计事务所。2002年创立Builtlogic。

泉幸甫
泉幸甫建筑研究所

1947年生于熊本县。1973年完成日本大学大学院硕士学业，在同一大学工作室做助手。1977年成立泉幸甫建筑研究所。2007年完成千叶大学博士后学业。2008年担任日本大学教授。

伊藤宽
伊藤宽工作室

1956年生于长野县。1979年毕业于神奈川大学工学部建筑科。1979—1982年就职于长谷川敬工作室，1986—1987年就职于小宫山昭工作室。1986—1987年留学米拉诺工科大学。1988年完成早稻田大学大学院学业，同年伊藤宽工作室成立。现在在京都造型艺术大学担任教授。

井上尚夫
井上尚夫综合设计事务所

1945年生于栃木县。1972年完成东京艺术大学大学院环境造型设计专业硕士学业。同年入职内井昭藏建筑设计事务所，1983年成立井上综合设计事务所，1988年更名井上尚夫综合设计事务所。

大岛健二
OCM一级建筑师事务所

1965年生于兵库县。1991年完成神户大学大学院建筑学可西洋近代建筑史学业。1991—1994年在日建设计担任超高层大楼、官公厅、研究所等的设计工作。1995年独立。2000年创立OCM一级建筑师事务所。

冈村裕次
TKO—M.architects

1973年生于三重县。1997年完成横滨大学工学部建筑学课程。2000年完成同一大学大学院硕士学业。2000—2004年在多摩美术大学造型表现部设计学科做助手。2003年与他人一起创立TKO—M.architects。

奥野公章
奥野公章建筑设计室

1973年生于山梨县。1996年毕业于东洋大学工学部建筑学科。1998年在同一大学完成大学院学业，同年入职艺术建筑设计，2002年与他人共同设立建筑·家具设计单位白色基地。2004年创立奥野公章建筑设计室。

岸本和彦
Acaa

1968年生于鸟取县。1991年毕业于东海大学工学部建筑学科，完成早稻田大学理工学术院硕士学业。1998年成立ATELIER CINQU，2007年更名为Acaa。

北野博宣
北野博宣建筑设计事务所

1973年生于大阪。1997年毕业于东北大学工学部建筑学科，2000年完成早稻田大学大学院硕士学业。2000—2006年入职内藤广建筑设计事务所。2006年成立北野博宣建筑设计事务所。

熊泽安子
熊泽安子建筑设计室

　　1971年生于奈良县。1995年毕业于大阪大学工学部建筑工学科。1996—2000年就职于don工房一级建筑师事务所。2000年创立熊泽安子建筑设计室。

佐藤森
+0一级建筑师事务所

　　1973年出生于神奈川县。1996年毕业于早稻田大学理工学部建筑专业。1998年毕业于早稻田大学研究生院。同年经由陆路横穿欧亚大陆。2000年起就职于ARTSCRAFZ建筑研究所。2006年再次入职ARTSCRAFZ建筑研究所。。2008年创立+0一级建筑师事务所。

杉浦充
充综合设计一级建筑师事务所

　　1971年出生于千叶盘。94年毕业于多摩艺术大学美术学部建筑专业。同年进入中野公司（现为中野不动产建设公司）。1999年完成多障艺术大学研究生院硕士课程。同年复职。2002年成立JYUARCHITECT综合设计一级建筑师事务所。2010年起于京都造型艺术大学担任兼职讲师。

佐藤宏尚
佐藤宏尚建筑设计事务所

　　1972年生于兵库县。1996年毕业于东京大学工学部建筑学科。1998年完成东京大学大学院学业，同年入职PLANTEC综合设计事务所。2001年设立佐藤宏尚建筑设计事务所。2014年开始担任庆应义塾大学大学院的非常讲师。2016年担任东京大学大学院的特别讲师。

关本龙太
RIOTA设计

　　1971年生于埼玉县。1994年毕业于日本大学理工科建筑学科，1994—1999年就职于AD网络建筑事务所。2000— 2001年留学芬兰赫尔辛基工科大学（现阿尔托大学）。回国后，2002年创立RIOTA设计。

濑野和广
濑野和广+设计工作室

　　1957年出生于山形县。1978年毕业于东京设计师学院，曾就职于大成建设设计本部。1988年开设设计工作室（一级建筑师事务所）。

田井干夫
Architect Cafe

　　1968年生于东京。1992年毕业于横滨大学工学部建设学科。先后就职于Berlage·Institute·Amsterdam、内藤广建设设计事务所。1999年设立Architect Cafe。

田中敏溥
田中敏溥建筑设计事务所

　　1944年生于新潟县。1969年毕业于东京艺术大学建筑科。1971年完成东京艺术大学院学业，在茂木计一郎的手下从事环境设计和建筑设计。1977年创立田中敏溥建筑设计事务所。

辻充孝
岐阜县森林文化学院

　　1973年生于兵库县。1996年毕业于大阪艺术大学艺术学部。2012年开始担任日本建筑师会联合会环境部会委员。从岐阜县森林文化学院开学时就开始教学，2013年开始做准教授。

永峰昌治
若原艺术工作室

　　1975年生于神奈川县。1997年毕业于工学院大学工学部建筑学科。2000年从若原艺术工作室设立之初就一直加入其中。

西方里见
西方设计

　　1951年出生于秋田县。175年毕业于室兰工业大学建筑工程系后就职于青野环境设计研究所。1981年开办西方设计工房。1993年改组为西方设计并经营至今。200成立了地方建筑设计团队（任代表理事）。著有《如何建造最好的隔热环保住宅》（发表于Exnerlage刊）等。

西久保毅人
Niko设计室

　　1973年生于佐贺县。1995年毕业于明治大学理工学部建筑学科。1997年完成同大学大学院学业，同年入职象设计集团。1998年入职ATEILERHARU。2001年独立创立Niko设计室。

西岛正树
Prime一级建筑师事务所

———

　　1959年生于东京。1982年毕业于东京大学建筑学科，1984在同一大学完成大学院学业，同年入职石本建筑事务所。1989年设立Prime一级建筑师事务所。

林美树
Studio PRANA

———

　　生于东京。1983年毕业于武藏野美术大学造型学部建筑学科，1985年完成同一大学大学院学业。1985—1996年入职日本设计室内装潢设计部，1992—1994年留学Venezia建筑大学，1996年创立Studio PRANA。

日影良孝
日影良孝建筑设计工作室

———

　　1962年生于岩手县。1982年毕业于中央工学。1996年设立日影良孝建筑设计工作室。

藤原昭夫
结设计

———

　　1947年生于岩手县。1970年毕业于东京芝浦工业大学建筑学科。先后就职于木村俊介一级建筑士事务所、天城建筑、丹田空间工房。1977年设立结设计。

本间至
Bleistift

———

　　1956年生于东京。1979年毕业于日本大学理工学部建筑学科，同年入职林宽治设计事务所。1986年设立Bleistift。

松尾宙
Umbre-Architects

———

　　1972年生于东京。1995年毕业于独协大学法学部法律学科。1999年毕业于早稻田大学艺术学院，入职石田敏明建筑设计事务所。2009年设立Umbre-Architects。

松尾由希
Umbre-Architects

———

　　1973年生于东京。199年毕业于成蹊大学文学部芙美文学专业。1999年毕业于早稻田大学艺术学院。曾在大家聪工作室工作，2009年成立安布雷建筑公司（Umbre-architects）。

丸山弹
丸山弹建筑设计事务所

———

　　1975年生于东京。1998年毕业于成蹊大学。2003年入职堀部安嗣建筑设计事务所。2007年创立丸山弹建筑设计事务所。

三泽文子
MSD

———

　　1956年生于静冈县。1979年毕业于奈良女子大学理学部物理学科。1982年入职现代设计研究所。1985年与他人共同设立Ms建筑设计事务所。2009年设立MSD。

向山博
向山博建筑设计事务所

———

　　1972年生于神奈川县。1995年毕业于东京理科大学工学部建筑学科。先后就职于鹿岛建设、CoelacanthK＆H等。2003年创立向山博建筑设计事务所。

村田淳
村田淳建筑研究室

———

　　1971年生于东京。1995年毕业于东京工业大学工学部建筑学科。1997年完成东京工业大学大学院建筑学专业硕士学业后，入职建筑研究archivision。2006年入职村田靖夫建筑研究室。2009年改名村田淳建筑研究室。

望月新
望月新建筑工作室

———

　　1973年生于东京。1997年毕业于东京工业大学建筑学科，入职设计事务所。2008年开始就职于望月新建筑工作室。

山本成一郎
山本成一郎设计室

1966年出生于东京都，1988年毕业于早稻田大学理工学部建筑专业。1990年毕业于早稻田大学研究生院（建筑材料与施工神山幸弘研究室）。同年就职于"艺术工作室–海"，师从盐胁裕和中村展子。1995年在广激研究室师从广激镰二。2001年开设山本成一郎设计室。2007年任东洋大学兼职讲师。2013年就任读卖理工医疗福社专门学校兼职讲师。

若原一贵
若原艺术工作室

1971年生于东京。1994年毕业于日本大学艺术学部，同年入职横河设计工房。2000年成立若原艺术工作室。

-------------------------------- 视频出演 --------------------------------

山田宪明
山田宪明构造设计事务所

1973年生于东京。1997年毕业于京都大学工学部建筑学科，入职增田建筑构造事务所，曾经担任增田建筑构造事务所总工程师。2012年成立了山田宪明构造设计事务所。

河合孝
河合建筑

1958年生于东京。1980年毕业于日本大学法学部经营法学科。1984年毕业于武藏美术大学造形学部建筑学科。目前，任河合建筑董事代表。拥有一级建筑师、二级木工建筑技能师、一级建筑施工管理技师资格。

神成健
神成建筑计划事务所

1961年生于宫城县。1984年毕业于东京理科大学理工学部建筑学科。1986年完成东京理科大学理工研究科硕士学业。1986年入职日建设计。2007年成立神成建筑计划事务所。

冈村裕次（TKO–M.architects）/杉浦充（充综合设计一级建筑师事务所）
关本龙太（RIOTA设计）/向山博（向山博建筑设计事务所）

<框架模型制作> 中太郎（山田宪明构造设计事务所）
<采访合作> 艺术之家湘南/原住建

版面设计：武田康裕

图书在版编目（CIP）数据

屋顶·阁楼详解图鉴 / 日本 X-Knowledge 株式会社编；杨鹏译 . -- 武汉：
华中科技大学出版社，2022.1
ISBN 978-7-5680-3249-0

Ⅰ . ①屋… Ⅱ . ①日… ②杨… Ⅲ . ①屋顶–结构设计–图集 Ⅳ . ① TU231–64

中国版本图书馆 CIP 数据核字 (2020) 第 019955 号

MOTTOMO KUWASHII YANE KOYAGUMI NO ZUKAN
© X–Knowledge Co., Ltd. 2017
Originally pu–blished in Japan in 2017 by X–Knowledge Co., Ltd.
Chinese (in simplified character only) translation rights arranged with
X–Knowledge Co., Ltd. TOKYO, through g–Agency Co., Ltd, TOKYO.

本作品简体中文版由日本X-Knowledge出版社授权华中科技大学出版社有限责任公司在中华人民
共和国境内（但不含香港特别行政区、澳门特别行政区和台湾地区）出版、发行。

湖北省版权局著作权合同登记 图字：17-2020-003号

屋顶·阁楼详解图鉴
Wuding Gelou Yiangjie Tujian

日本X-Knowledge株式会社　编
杨鹏　译

出版发行：华中科技大学出版社（中国·武汉）　　　电话：(027) 81321913
　　　　　华中科技大学出版社有限责任公司艺术分公司　(010) 67326910-6023
出 版 人：阮海洪

责任编辑：李　鑫
责任监印：赵　月　　郑红红　　　　　　　　　封面设计：刘艳晴

制　　作：北京锦唐雅筑图书有限公司
印　　刷：北京军迪印刷有限责任公司
开　　本：889mm × 1194mm　1/16
印　　张：7.5
字　　数：100千字
版　　次：2022年1月第1版第1次印刷
定　　价：198.00元